U0319831

热回收焦炉生产技术问答

青岛联合冶金研究院有限公司　　编
山东焦化集团铸造焦有限公司

北　京

冶　金　工　业　出　版　社

2017

内 容 提 要

本书密切结合生产实践，从生产、技术、工艺、设备、产品质量、烘炉、余热回收、安全环保等8个方面，解答了利用QRD系列热回收焦炉生产焦炭并进行余热回收过程中常见的一些问题，并对相关知识做了介绍。

本书可供焦化企业生产一线人员自学、培训和考级之用，也可供相关企业工程技术人员参考。

图书在版编目（CIP）数据

热回收焦炉生产技术问答/青岛联合冶金研究院有限公司，山东焦化集团铸造焦有限公司编 . —北京：冶金工业出版社，2017. 6

ISBN 978-7-5024-7551-2

Ⅰ. ①热… Ⅱ. ①青… ②山… Ⅲ. ①热回收—炼焦炉—生产技术—问题解答 Ⅳ. ①TQ522. 15-44

中国版本图书馆 CIP 数据核字 （2017） 第 166139 号

出 版 人 谭学余
地 址 北京市东城区嵩祝院北巷 39 号 邮编 100009 电话 （010）64027926
网 址 www.cnmip.com.cn 电子信箱 yjcbs@cnmip.com.cn
责任编辑 宋 良 美术编辑 吕欣童 版式设计 孙跃红
责任校对 郑 娟 责任印制 李玉山
ISBN 978-7-5024-7551-2
冶金工业出版社出版发行；各地新华书店经销；三河市双峰印刷装订有限公司印刷
2017 年 6 月第 1 版，2017 年 6 月第 1 次印刷
169mm×239mm；12.75 印张；244 千字；181 页
35. 00 元
冶金工业出版社 投稿电话 （010）64027932 投稿信箱 tougao@cnmip.com.cn
冶金工业出版社营销中心 电话 （010）64044283 传真 （010）64027893
冶金书店 地址 北京市东四西大街 46 号（100010） 电话 （010）65289081（兼传真）
冶金工业出版社天猫旗舰店 yjgycbs.tmall.com
（本书如有印装质量问题，本社营销中心负责退换）

前　言

清洁型热回收捣固式机焦炉（也称热回收焦炉），是在总结国外无回收焦炉生产技术以及国内成熟的炼焦生产经验的基础上创新研发的焦炉。由于该炉型具有污染小、投资少、建设速度快、工艺流程短、操作简单、能耗低、维护方便、不产生酚氰废水、运行成本低、可以扩大炼焦煤资源等特点，自2000年开始，QRD系列清洁型热回收捣固式机焦炉在我国大范围推广使用。据2013年不完全统计，全国采用该技术的焦炭生产企业有60多家，冶金焦产能在3000万吨、铸造焦产能在800万吨左右，是目前我国最先进、最完善、最可靠的热回收焦炉。

关于热回收焦炉生产技术，现有的部分专业书籍仅列为章节作简单介绍，或单独论文进行专题介绍，目前还没有一部专著进行系统全面的阐述。本书旨在结合生产实践，从生产、技术、工艺、设备、产品质量、烘炉、余热回收、安全环保等8个方面，回答了利用QRD系列热回收焦炉生产焦炭并进行余热回收过程中常见的一些问题，并结合编者自身的生产经验对相关知识做了介绍。为了保证本书内容的准确性，在编写过程中，多次进行现场测量，查阅图纸、资料文献，反复研讨、推敲文字内容，形成了本书的初稿，由编委会进行最后的审定。

本书编写人员均为实际生产中的专业技术人员，既有理论基础又有实践经验，力求内容贴近生产实际，便于读者深入理解，并应用于实际操作。

本书的编写出版工作，得到了山东焦化集团铸造焦有限公司董事长王冠东、总经理薛立峰以及企业各部门的大力支持，在此一并表示感谢！

　　由于本书涉及专业面较广，编者经验不足，水平有限，书中如有不妥之处，诚请读者批评指正。

编　者

2017 年 3 月

目 录

第1章 备 煤

1. 什么是配煤?

    答: 配煤是指将不同变质程度的炼焦煤,根据产品要求,按照适当比例配合起来。由于不同变质程度的煤各有其特点,各种煤在配煤中所起的作用也不相同,利用其在性质上的互补,从而使配合煤的质量满足炼焦生产的要求。这对合理利用煤资源、节约优质炼焦煤、扩大炼焦煤源具有重要意义。如果能充分发挥各种煤的优势及特点,配煤方案合理,就能提高焦炭质量。根据我国煤炭资源的具体分布情况,采用配合煤炼焦,既可以充分利用各地区炼焦煤资源,又是扩大炼焦用煤品种的重要措施之一。借助煤岩技术研究各单种煤的特性以及利用它们的配合相容性,是配煤技术的关键。

2. 热回收焦炉配煤质量指标有哪些?

    答: 热回收焦炉配煤质量指标主要有以下内容:

    (1)化学指标

    水分:控制范围 10%±2%。因为热回收焦炉均配套捣固炼焦工艺,因此合理控制水分,能够保证捣固煤饼的质量,提高捣固密度,防止发生塌煤现象。

    灰分:越小越好。因为炼焦煤灰分基本全部转入焦炭,应按照焦炭质量要求进行配合煤灰分的控制。灰分越大,焦炭质量越差。

    挥发分:由于热回收焦炉独特的炼焦工艺条件及要求,根据产品品种,配合煤挥发分一般控制在 16%~26%之间。

    硫分:根据产品要求,焦炭中硫分越低越好。生产铸造焦,焦炭硫分不大于0.6%;生产冶金焦,焦炭硫分不大于1.0%。

    (2)物理指标

    细度:热回收焦炉生产特点要求,配合煤粒度<1.5mm 一般控制在 90%~92%以上。

    粒度组成:按照工艺要求控制粒度分布。

    (3)工艺指标

    G 值:热回收焦炉配合煤炼焦原则上要求 G 值控制在 45~60。

    Y 值:与 G 值有一定的相关性,一般要求 Y 值控制在 12~16。

    配煤准确性:配煤误差要求小于 4%。

3. 热回收焦炉生产焦炭的用煤范围有哪些?

答：由于热回收焦炉独特的炉体结构和采用液压（机械）捣固工艺，因此炼焦可以使用的煤种范围很广，包括无烟煤、贫煤、贫瘦煤、瘦煤、焦煤、1/3焦煤、肥煤、气肥煤、气煤等。可以根据产品品种、焦炭质量和生产成本的要求确定合适的配煤方案。

4. 热回收焦炉的备煤工艺与传统工艺的区别有哪些?

答：热回收焦炉炼焦技术可以大量利用无烟煤等弱黏结性煤进行炼焦，对备煤工艺的要求较严，备煤采用二级粉碎与配煤仓配煤相结合的工艺。弱黏煤经过一级粉碎后和炼焦煤在配煤仓经计算机自动配煤，配合后的炼焦煤再经过二次粉碎。

入炉煤粒度根据产品品种要求进行控制：生产铸造焦时，一级粉碎后弱黏煤粒度要求<1.5mm占90%以上，配合煤粒度要求<1.5mm占92%以上；生产冶金焦时，一级粉碎后弱黏煤粒度要求<1.5mm占85%以上，配合煤粒度要求<1.5mm占90%以上。

5. 热回收焦炉生产焦炭，如何控制配合煤细度?

答：控制配合煤细度主要有两个方面：

（1）控制粉碎机参数

1）降低转子转速，可降低细度，反之升高；

2）减少锤子数量，可降低细度，反之升高；

3）反击板与锤头距离越近，细度越高，反之越低；

4）锤头端部表面积越大，细度越高，反之越低。

（2）控制粉碎工艺

1）选择性针对硬度大、大颗粒单种煤进行预粉碎；

2）按照单种煤的性质（或成煤年代），分组分别进行预粉碎。

不论采取何种粉碎工艺和控制方法，最重要的是要控制好配合煤的粒度组成和各煤种在配合煤中的粒度分布情况。同样一批90%细度的配合煤，<1mm的占90%与>1mm<3mm的占90%，它们炼出来的焦炭是完全不一样的。

6. 什么是煤化度?

答：煤化度亦即煤变质程度，是指在温度、压力、时间及其相互作用下，煤的物理、化学性质变化的程度。煤根据煤化程度可分为：泥炭，褐煤，烟煤，无烟煤。

　　煤在变质过程中，其物理特征、化学组成和工艺性能等均呈有规律的变化。因此，通过测定煤的挥发分（V）、镜质组反射率（R）、碳含量（C）、氢含量（H）、水分（M）、发热量（Q）等煤级指标（亦称煤化作用参数），可确定煤的变质程度或煤化程度。煤级参数中的镜质组反射率是公认可以更准确地确定煤的变质程度（对低煤化程度煤可辅以荧光性的测定）的指标，因为它不受煤岩成分、灰分和煤样代表性的影响，受还原程度的影响也较小。一般以镜质组最大反射率（$R_{\max}$）小于0.5%的煤定为褐煤，大于2.5%的为无烟煤，介于两者之间的为烟煤。通常以煤的类别表示其变质程度或煤化程度，如以褐煤为未变质煤，长焰煤-气煤为低变质（程度）煤，气肥煤、肥煤和焦煤为中变质（程度）煤，瘦煤、贫煤、无烟煤为高变质（程度）煤。

　　在历史上，较早采用碳含量作为煤化度指标。当代各国实用煤分类中，普遍采用干燥无灰基挥发分作为煤化指标，有时也辅以发热量指标。煤化度不仅是煤炭分类中必不可少的指标，也是配煤和焦炭强度预测中的一项重要指标。

　　炼焦煤中，瘦煤和无烟煤的煤化度较高，硬度也较高；肥煤和焦煤的煤化度较低，硬度也较低。

7. 热回收焦炉炼焦配入无烟煤有哪些优点？

　　答：热回收焦炉炼焦配入无烟煤有以下优点：

　　（1）无烟煤在炼焦配煤中起瘦化作用。在结焦过程中，其颗粒表面吸附一部分炼焦煤热解生成的胶质体，使塑性体内的液相量减少，从而得到合适的流动度和膨胀度的配合煤。

　　（2）配入无烟煤将有利于降低装炉煤的半焦收缩系数，改善半焦阶段的气孔结构以提高其强度。

　　（3）配入无烟煤可以减少邻近焦层间的收缩差，减少焦炭裂纹，提高焦炭块度。

　　（4）无烟煤挥发较低，配入后可以降低配合煤的总体挥发，提高焦炭产率。

8. 热回收焦炉炼焦配入无烟煤的条件有哪些？

　　答：热回收焦炉炼焦配入无烟煤应具备以下条件：

　　（1）配合煤的黏结性及胶质体要有富余。

　　（2）配入的无烟煤比例以使配合煤达到合适的流动度和膨胀度为宜。

　　（3）无烟煤的细度要合适，既不能过大，也不能过细。如其粒度过大，会使其成为焦炭的裂纹中心，粒度过细，不仅磨煤耗能太大，而且由于其表面积过大而消耗大量胶质体，使配合煤的黏结性变差。

9. 热回收焦炉的配煤工艺有哪几种?

答:热回收焦炉配煤工艺一般有以下三种:

(1)先配后粉工艺流程:先按规定的比例将各参配煤料混合均匀再进行粉碎。

(2)先粉后配工艺流程:按参配煤料不同性质与要求分组配合,分别粉碎到不同细度,而后混匀的工艺。此工艺流程一般用于生产规模大、煤料种类多,且煤质岩相有明显差异的焦化企业。

(3)部分预粉碎工艺流程:首先将部分配煤料按其性质进行粉碎调节,而后再按规定配煤比进行混合均匀,最后将配合煤再进行粉碎。

10. 煤的存放和取出如何做到均匀化?

答:焦炭质量的稳定,关键取决于按照配煤比进行准确的配煤,以及各种煤料的质量是否稳定。而各种煤料质量的稳定又与煤的存放和取出的均匀化有直接关系。焦化行业用煤的均匀化,通常有效的方法是"平铺"、"直切",即在存放煤时,应将煤按水平层逐层铺放,取煤时从煤堆的上部垂直往下切取。

11. 煤料氧化有哪些危害?

答:煤料氧化有以下危害:

(1)影响煤的结焦性。煤料一旦氧化,胶质体指数及熔融性变差,影响焦炭质量。

(2)挥发及炭、氢含量和煤的发热量降低,氧含量增加,燃点降低,煤堆容易自燃。

(3)煤料中0.5mm以下粒级的煤粉增加,给选煤带来困难,回收率降低。

12. 防止煤氧化应采取哪些措施?

答:防止煤氧化一般采取以下措施:

(1)建设煤场大棚等保护设施,减少外界环境对煤堆的影响。

(2)经常清除煤堆内的死角,防止残留的煤成为自燃的火源。

(3)准备存煤的场地应打扫干净,不允许有杂物和残留煤,而且须用机械推平压实。

(4)露天贮煤场的堆煤应与主导风向平行。

(5)炎热季节接受的易变质煤,特别是气、肥煤,不允许长期贮存。

(6)尽量减少煤堆内空气的通路,堆煤时应平铺,煤堆下部聚集大颗粒块状的地方用粉煤填实,并压紧煤堆的外表面。

（7）经常检测煤堆内部温度，一般情况，煤堆内部温度达到 60℃时即有自燃的危险。

13. 常用皮带机有哪几种，有哪些附属设施？

答：皮带机通常有固定式皮带机、移动式皮带机、升降式皮带机、摆动式皮带机、可伸缩皮带机、斗式皮带机、气垫式皮带机、管状皮带机等。

皮带机附属设施一般都带有张紧装置、逆止装置、跑遍检测（自动纠偏）装置、速度检测装置、安全拉绳、清扫装置、断料报警装置、堵溜报警装置、金属检测装置等。

14. 皮带机有哪些防撕、防划措施？

答：皮带机一般采取以下措施防撕、防划：

（1）从源头控制物料夹带铁器及杂物，应安装除铁器、除杂物装置，加装加密算条等；

（2）应装有皮带撕裂、划伤检测报警装置；

（3）溜下料口底部皮带安装有缓冲装置；

（4）上托辊支架耳子向后倾斜开口，防止托辊掉后耳子划伤皮带；

（5）及时检查和更换托辊及支架；

（6）严格工艺控制，人员巡检到位，减少堵溜情形的发生。

15. 热回收焦炉常用的粉碎机有哪几种形式？

答：目前常用的粉碎机有反击式、锤式和笼型等几种形式。

（1）反击式粉碎机，主要由转子、锤头、前反击板、后反击板、机外壳等组成。煤进入粉碎机后，首先靠外缘上锤头的打击使煤粉碎；高速回转的锤头又把颗粒大的煤料沿切线方向抛向反击板，煤撞在反击板上，有的被粉碎，有的被弹回再次受到锤头打击，如此反复撞击，使煤粉碎到一定细度。对细度的控制主要取决于线速度和锤头与反击板之间的间隙。操作时，只需调整锤头与反击板之间间隙或改变动力速度，即可获得理想效果。当煤的水分高时，该机产能会明显下降，严重时会发生堵塞现象。在操作使用时，要注意调节煤料的含水量。

（2）锤式粉碎机，主要由转子、锤头、算条、算条调节装置及外壳组成。在转子的外缘上，等距离地排列若干排轴，等距离交错安装适当数量、质量几乎相当的锤头（活动式联接）。转子高速旋转时，锤头沿半径方向向外伸开，从而产生很大的粉碎动能。算条安装在转子的下半部，可以升降，以调节其与锤头间的距离。煤由进料口垂直进入机内锤击区后，受高速回旋的锤头打击，顺转子转动方向进入转子与算条间隙处，经冲击、研磨与剪切后被粉碎，并经算条缝隙排料小窗排出。煤料细度的控制靠调整操作锤头、算条的间距来完成。当粉碎细度一定时，入料水分增高，则应加大算条与锤头之间间隙，以防堵塞。

（3）笼型粉碎机，由两个外缘带钢棒的笼轮组成，笼轮由电动机带动逆向旋转。煤料从中部进料口加到笼轮内，被离心力甩到高速旋转的钢棒上，在径向的惯性离心力及切线方向钢棒冲击力的反复作用下，被粉碎到要求的细度。该机只要操作调整笼轮，即可调节粉碎细度与生产能力。

16. 捣固装煤在热回收焦炉中的作用是什么？

答：热回收焦炉中采用捣固装煤，有以下优势：

（1）炼焦入炉煤料捣固后，堆密度可提高到 $1.05 \sim 1.15 t/m^3$，提高了焦炭的产量和质量。

（2）可扩大炼焦用煤煤源，增加弱黏结性煤用量。实践表明：在保证焦炭质量的前提下，最高可配入 50% 以上的弱黏结性煤或无烟煤，有效地节约了焦煤资源，降低了生产成本，真正实现资源的充分利用，缓解了炼焦煤不足供需矛盾，提高了生产的效益。

（3）提高了后续配套的余热回收产能。

17. 热回收焦炉配煤工艺的用煤特点是什么？

答：热回收焦炉比较适合于挥发分、黏结性都比较低的煤种，例如无烟煤、贫煤、贫瘦煤等。这几种煤都不属于炼焦煤，但对于清洁型热回收焦炉来说，可以配入 50% 以上。其他配入煤种的挥发分和黏结性越强，则加入量越多。对于这几种煤来说，价格便宜，生产出相同等级焦炭产品的成本低，获得利润较高。

18. 石油焦粉在铸造焦生产中有什么作用？

答：石油焦粉在铸造焦生产中的主要作用是降低焦炭灰分和提高焦炭块度。焦粉本身灰分低，熔融性好，具有较小的收缩性和良好的导热性。添加后，可以降低收缩系数、相邻半焦层间的收缩差和层间应力，从而减少焦炭裂纹的产生，增加焦炭块度。

19. 铸造焦生产配煤中添加沥青对焦炭质量有哪些影响？

答：将沥青直接配入炼焦煤中，由于沥青低灰的特性，可以减少低灰优质煤的配入，适当增加高灰煤的配入，同时焦炭质量也得到提高。具体优势有以下几点：

（1）改质沥青因具有较高的黏结性，在炼焦配入时作为黏结剂，对配合煤具有溶剂化作用，在超过其软化点时，基本成为液态，并对配合煤具有部分的溶解作用，因而促进可溶物的生成，提高煤的流动度；也有利于中间相形成阶段分子的重组，促进中间相转化过程，改善中间相的形成。配煤中加入沥青作为活性添加剂，提高了配合煤流动度，促进焦炭结晶的成长，改善焦炭的结晶性和显微组织，同时增加煤容惰能力。

（2）β 树脂是沥青中溶于喹啉但不溶于（甲）苯的组分，又称为沥青树脂，是中、高相对分子质量的稠环芳烃，黏结性好，是沥青黏结剂中起黏结作用的主要成分，其在含量上等于煤沥青 TI 与 QI 的差值。改质沥青黏结剂的 β 树脂决定着其黏结性能。沥青作为黏结剂与配合煤共同结焦时，具有较好的热稳定性，即在塑性阶段，黏结剂能与煤作用形成大量稳定的液相，从而增加颗粒之间的接触，提高黏结性。

（3）配合煤配入沥青，可提高配合煤的黏结指数和 Y 值，增加焦炭的块度。同时也可以在配入沥青后适当降低肥煤和主焦煤的用量。

（4）配入沥青，可提高焦炭的耐磨强度和反应后强度。

20. 铸造焦生产配方中添加气煤对焦炭质量有哪些影响？

答：气煤配入量的增加将导致焦炭强度降低。这是由于气煤在加热过程中产生较高的挥发分和较多的焦油，生成胶质体的热稳定性较差。当配入量大于 20%，焦炭气孔率明显增加，结构疏松，强度降低。随着气煤配入量的降低，焦炭结构趋向致密，强度也随之提高。

21. 热回收焦炉对配煤挥发分的要求与传统焦炉有什么区别？

答：在炼焦过程中，入炉煤挥发分通常会影响炼焦中入炉煤的膨胀压力，通常入炉煤挥发分越低，其膨胀压力越大。传统机焦中入炉煤最合适挥发分为 26%~28%，当入炉煤挥发分为 16%~24% 时，膨胀压力有可能超过炭化室墙自身承受压力，对焦炉造成损坏或出现推焦困难；当挥发分超过 28% 时，由于较快的升温速度引发了急剧的膨胀收缩，造成焦炭粒度过碎，不能满足冶金焦要求。

而热回收焦炉入炉煤挥发分范围一般控制在 16%~26% 之间。当使用低挥发性煤膨胀压力较大时，由于煤饼横卧，上部自由空间较大，横向的压力可转向纵向，向上部空间释放，从而缓解炉壁压力。当入炉煤挥发分较高时，较慢的升温速度和较长的结焦时间可保证块度满足要求。入炉煤挥发性要求的降低，使可配入的煤种在挥发分上有更多的自由度，所配煤种相互适应性增强，煤源范围更广。

22. 热回收焦炉大量配入无烟煤的结焦机理是什么？

答：热回收焦炉配入无烟煤的结焦机理如下：

（1）配入的中、低变质程度无烟煤，在高温下其活性组分被活化，以气相或固相与胶质体活性组分发生缩合、缩聚、环化反应，与碳键结合或搭桥，形成焦炭。这部分活性组分是热回收焦炉结焦机理的有效组成部分，也是入炉煤较低G值下仍能成焦的主要原因。

（2）大煤饼、高密度、慢升温，不仅促进了无烟煤活性组分与胶质体的结合反应，而且也使炼焦煤挥发物中的高分子化合物直接参与到胶结、熔融固化过程中；这部分焦油沥青不仅作为黏结剂，而且作为改质剂使煤的共炭化性能发生改变，进一步提高了煤的黏结性。

23. 什么是煤的黏结性？

答：煤的黏结性就是烟煤在干馏时黏结其本身或外加惰性物的能力。它是煤干馏时所形成的胶质体显示的一种塑性。在烟煤中，显示软化熔融性质的煤叫黏结煤，不显示软化熔融性质的煤叫非黏结煤。黏结性是评价炼焦用煤的一项主要指标，也是评价低温干馏、气化或动力用煤的一个重要依据。煤的黏结性是煤结焦的必要条件，与煤的结焦性密切相关。炼焦煤中以肥煤的黏结性最好。

24. 什么是煤的结焦性？

答：煤的结焦性是烟煤在焦炉或模拟焦炉的炼焦条件下，形成具有一定块度和强度焦炭的能力。结焦性是评价炼焦煤的主要指标，炼焦煤必须兼有黏结性和结焦性，两者密切相关。煤的黏结性着重反映煤在干馏过程中软化熔融形成塑性体并固化黏结的能力。测定黏结性时，加热速度较快，一般只测到形成半焦为止。煤的结焦性全面反映了煤在干馏过程中软化熔融直到固化形成焦炭的能力。测定结焦性时，加热速度一般较慢。炼焦煤中以焦煤的结焦性最好。

25. 热回收焦炉确定配煤方案时应考虑哪些原则？

答：热回收焦炉确定配煤方案时，应考虑以下原则：

（1）配合煤的性质与本厂的煤料预处理工艺以及炼焦条件相适应，保证焦炭质量达到规定的技术质量指标，满足用户的要求。

（2）符合区域配煤的原则，有利于扩大炼焦煤资源，充分利用弱黏结煤。

（3）控制煤料受热所产生的膨胀压力，避免难推焦。

（4）缩短来煤的平均距离，便于车辆调配，避免"违流"现象。

（5）来煤数量均衡，质量稳定。

（6）降低生产成本，提高经济效益。

26. 煤的黏结指标有哪些表示方法？

答：煤的黏结性指标，国际煤分类中用罗加指数和标准坩埚观察焦饼形态的方法，我国采用胶质层最大厚度 y 值和黏结指数 G 值的方法。

炼焦生产配煤的 y 值一般为 12~16mm，黏结指数 G 值为 45~60。配煤的 y 值和 G 值均可按加和性近似计算，也可直接测定。

27. 配合煤的灰分有哪些不利影响？

答：配合煤的灰分有以下危害：

（1）影响焦炭质量。灰分在炼焦生产中是一种无用的杂质，不仅不易破碎，造成炼焦煤料的细度不好，而且在炼焦时不熔融、不黏结也不收缩，较大的颗粒在焦炭内形成裂纹中心，降低焦炭的机械强度。某些灰分还使焦炭的热反应性增强，焦炭在反应后强度降低。

（2）影响焦炉生产。如果煤中的灰分是熔点低的化合物，则对焦炉的操作有害。例如，在炭化室负压操作时，它很容易在炉墙表面熔融结疤，损害炉体。灰分太高，会影响正常推焦。

（3）影响炼铁生产。煤中绝大部分灰分转入焦炭中。一般认为，焦炭灰分增加 1%，炼铁焦比增加 2%~2.5%，石灰石增加 4%。

28. 配合煤中的硫分有哪些不利影响？

答：配合煤中的硫对于炼焦、炼铁、铸造、气化、燃烧和储运都十分有害，因此硫分也是评价煤质的重要指标之一。

（1）煤在炼焦时，约 60%~65% 的硫进入焦炭。而带入高炉内的硫分，有 80% 以上是由焦炭带入的。硫的存在使生铁具有热脆性，用这些生铁炼钢不能轧制成型材。为了除去硫，在高炉生产中需要增加石灰石和焦炭用量，因而导致高炉生产能力降低，焦比升高。经验表明，焦炭中硫分每增加 0.1%，炼铁时焦炭和石灰石用量将增加 2%，高炉生产能力下降 2%~2.5%。因此，炼焦配合煤要求硫分低于 1%。

（2）煤炭中的硫特别是硫铁矿成分，能加速煤的风化，导致煤炭自燃，破坏煤炭的黏结性，由此降低煤炭的结焦性和焦炭质量。

（3）给炼焦化学品的精制带来困难（有回收焦炉），腐蚀设备，增加处理难度，影响化学产品质量；煤气中含硫高，直接影响后续的煤气综合利用工艺，也影响钢铁加工的产品质量。

29. 捣固炼焦为什么能提高焦炭质量？

答：捣固炼焦能提高焦炭的冷态强度和反应后强度。原因是捣固工艺生产的焦炭气孔直径变小、孔壁变厚、气孔率变低，捣固焦炭的耐碱侵蚀性也变强。焦炭气孔壁材料的光学组织主要取决于原料煤的性质，捣固对其无明显影响。因此，与光学组织有关的焦炭反应性，在捣固后无显著变化。

30. 热回收焦炉有哪些优点？

答： 热回收焦炉的结构决定其有如下优点：

（1）炼焦工艺流程简单，设计和基建投资费用低；

（2）操作简单，适用煤种广泛，生产成本低；

（3）没有煤气回收装置，不会产生焦油和酚水等污染物；

（4）负压操作，基本解决了焦炉烟尘外溢；

（5）余热得到充分利用；

（6）适合生产大块铸造焦；

（7）出焦时采用平接焦技术，减轻了焦炭破碎与焦尘排放。

31. 入炉煤的堆密度对焦炭质量有哪些影响？

答： 入炉煤的堆密度对焦炭质量有以下影响：

（1）入炉煤堆积密度对焦炭的全焦率、灰分和硫分基本没有影响，而对焦炭的气孔率、冷态机械强度、热性质的影响明显。

（2）在一定的入炉煤堆积密度范围内，焦炭的各项性能指标可取得最佳值。入炉煤堆积密度大于 $1.05t/m^3$ 时，焦炭的冷态机械强度和热态强度明显提高。

（3）与配煤堆积密度相比，配合煤的煤质对焦炭热性质的影响更为显著。

32. 热回收焦炉配煤的挥发分过高有哪些不利影响？

答： 对于热回收焦炉，若配煤的挥发分过高，会造成产气高峰期间的煤气产率太高而不能完全燃烧。若大量的荒煤气在短时间里完全燃烧，就会造成炉内过热和炉温过高，而影响正常生产，甚至威胁焦炉的安全；若荒煤气在炉内不完全燃烧，过多未燃烧的煤气就会转移到炉外的烟气系统燃烧，因此，还需考虑烟气管衬砖的安全问题；若在装煤阶段，未燃烧的烟气由于流速低、温度低，烟气中焦油易在下降火道析出，时间久了，会堵塞下降火道；若未完全燃烧的碳氢化合物进入到余热锅炉系统，会分解析出碳并沉积在炉管内壁，堵塞炉管而影响正常生产。所以，热回收焦炉应以使用低挥发分配合煤为主，同时，热回收焦炉特殊的成焦机理决定了只有充分使用低挥发分煤（贫瘦煤、贫煤、无烟煤），才能获得最好的经济效益。

33. 热回收焦炉的结焦时间为什么普遍都较长？

答： 热回收焦炉的结焦时间较长，主要有以下原因：

（1）热回收焦炉炭化室煤饼宽度达到 3500mm、厚度在 1000～1300mm 之间，焦饼中心温度提升慢，升温速度低，造成结焦时间较长。

（2）热回收焦炉独特的加热方式，结焦过程所需热量主要靠自身提供，也造成结焦时间较长。

（3）在配用惰性物质、半惰性物质等炼焦时，要获得高强度的焦炭，就要使活性物质和半惰性物质在炼焦过程中形成牢固的物理化学结合。热回收焦炉的低升温速率，使无烟煤等惰性物质与焦肥煤在高温区产生的活性分子彼此结合时间增长，也使产生活性分子的区间重叠区域增加。为此，低的炼焦速度使得惰性、半惰性物质等高变质程度煤在结焦中后期产生的活性分子有较长时间与焦肥煤热解产生的活性物质进行反应，从而获得高强度的焦炭。

34. 备煤有哪些取样点，取样方法有哪些？

答： 备煤取样点主要有煤堆取样、翻卸接收系统取样和配煤系统取样。

（1）煤堆取样，是指煤料卸车后，人工按照国标取样方法直接进行取样。

（2）翻卸接收系统取样，有人工车皮表层取样、人工车皮底层取样、全自动车皮全断面取样、皮带在线全样检测几种方法。

1）人工车皮表层取样：按照国标取样方法在煤车表层取样。

2）人工车皮底层取样：将车皮开门取底部样，或车皮翻卸过程中取底部样。一般用于质量抽查。

3）全自动车皮全断面取样：通过车皮全自动全断面取样装置，取出从车皮表层至底部的煤样，自动进行粉碎、缩分等制样工序。

4）皮带在线全样检测：在皮带机上安装快灰、快水仪，实时进行全煤样质量检测。一般不作结算依据。

（3）配煤系统取样主要有配煤单种煤取样和配合煤取样。

1）配煤单种煤取样：一般分为在每个配煤单元的人工取样和自动取样两种方法。

2）配合煤取样：一般分为人工取样和在皮带机上自动取制样两种方法。

第 2 章　焦炉结构与生产

1. 什么是热回收焦炉?

答:清洁型热回收捣固式机焦炉(也称无回收焦炉),是在总结国外无回收焦炉的技术以及国内成熟的炼焦生产经验的基础上创新研发的焦炉。该炉型具有污染少、投资省、建设速度快、工艺流程短、操作简单、能耗低、维护方便、不产生酚氰废水、运行成本低、可以扩大炼焦煤资源等特点,是我国目前最先进、最完善、最可靠的热回收焦炉。其主要由炭化室、四联拱燃烧室、主墙下降火道、主墙上升火道、炉底、炉顶、炉端墙等构成。炉体结构如图 2-1 所示。

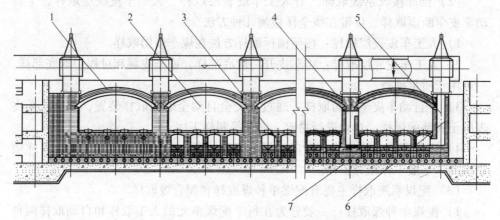

图 2-1　清洁型热回收捣固式机焦炉炉体结构

1—炉顶;2—炭化室;3—四联拱燃烧室;4—主墙下降火道;

5—主墙上升火道;6—炉端墙;7—炉底

2. 热回收焦炉的工作原理是什么?

热回收焦炉的工作原理,是将炼焦煤捣固后装入炭化室,利用炭化室主墙、炉底和炉顶储蓄的热量以及相邻炭化室传入的热量,使炼焦煤加热分解,产生荒煤气。荒煤气在自下而上逸出的过程中,覆盖在煤层表面,形成第一层惰性气体保护层;然后向炉顶空间扩散,与由外部引入的空气发生不充分燃烧,生成的废气形成煤焦与空气之间的第二层惰性气体保护层。在干馏过程中,荒煤气不断产生,且在煤(焦)层上覆盖和向炉顶的扩散不断进行,使煤(焦)层在整个炼焦周期内始终覆盖着完好的惰性气体保护层，使煤料在隔绝空气的条件下加热生成焦炭。在炭化室内燃烧不完全的气体，通过炭化室主墙下降火道到四联拱燃烧室内，与进入的适度过量空气充分二次燃烧，实现煤饼的底部加热。燃烧后的高温废气经桥管、集气支管送入总管供给余热锅炉回收热能后，经脱硫除尘装置处理后排入大气。

3. 热回收焦炉由哪几部分组成？

答：热回收焦炉主要由炉顶、炭化室、四联拱燃烧室、主墙下降火道、主墙上升火道、炉端墙、炉门、集气管、护炉铁件、炉底、基础和烟囱等部分组成。

4. 热回收焦炉炭化室有哪些设计特点？

答：采用了大容积宽炭化室拱顶结构形式，炭化室主体选用不同形式的异型硅砖砌筑；机焦侧炉门处为高铝砖，高铝砖的结构为灌浆槽的异型结构；拱顶采用不同材质异型结构的耐火砖，保证了炉体的强度和严密性，增加了炉体的使用寿命。

5. 热回收焦炉四联拱有哪些设计特点？

答：四联拱燃烧室位于炭化室的底部，采用了相互关联的蛇行结构形式，用不同类型的硅砖砌筑。为了保证强度，其顶部采用异型砖砌筑的拱形结构。在四联拱燃烧室下部两侧设有二次进风口。燃烧室机焦侧两端选用高铝砖砌筑。高铝砖设计为带有灌浆沟槽的异型结构。

6. 热回收焦炉主墙下降火道有何设计特点？

答：下降火道沿炭化室主墙有规律地分布，为方形结构，采用不同形式的异型硅砖砌筑。其数量和断面积与炭化室内的负压分布情况和炼焦时产生的不完全燃烧的废气量有关联。

7. 热回收焦炉主墙上升火道有何设计特点？

答：上升火道沿炭化室主墙有规律地分布，为方形结构，采用不同形式的异型硅砖砌筑。其数量和断面积与炭化室内的负压分布情况和炼焦时产生的不完全燃烧的废气量有关联。

8. 热回收焦炉炉底区有何设计特点？

答：炉底位于四联拱燃烧室的底部，由二次进风通道、炉底隔热层、空气冷却通道等组成。炉底的材质由黏土砖、隔热砖、红砖等组成。焦炉基础与炉底之间设有空气夹层，避免基础板过热。

9. 热回收焦炉炉顶区有何设计特点？

答：炉顶采用拱形结构，并设有规律分布的可调节的一次空气进口。炉顶的耐火砖材质由内向外分别为硅砖、黏土砖、隔热砖、红砖（或缸砖）等。在炉顶表面考虑到排水，设计了一定的坡度。炉顶不同材质的耐火砖均采用了异型砖结构，保证了炉顶的严密性和使用强度。

10. 热回收焦炉炉端墙有何设计特点？

答：在每组焦炉的两端和焦炉基础抵抗墙之间设置有炉端墙。炉端墙的主要作用是保证炉体的强度，以及隔热降低焦炉基础抵抗墙的温度。炉端墙的耐火砖材质从焦炉侧依次为黏土砖、隔热砖和红砖。炉端墙内还设计有烘炉时排出水分的通道。

11. 热回收焦炉的护炉铁件包括哪些？

答：热回收焦炉的护炉铁件有炉柱、保护板、横梁、炉门架、横拉条、纵拉条、弹簧等，详见图 2-2。

图 2-2　热回收焦炉的护炉铁件

1—上横拉条；2—纵拉条；3—顶横梁；4—上保护板；5—中保护板；6—下保护板；
7—上横梁；8—中横梁；9—下横梁；10—下横拉条；11—拉条弹簧；12—炉门架；
13—横梁弹簧；14—炉柱弹簧；15—炉柱

12. 热回收焦炉的护炉铁件各有什么作用?

答: 热回收焦炉的护炉铁件根据其不同位置,作用如下:

(1)炉柱。炉柱是清洁型焦炉主要的护炉设备,炉柱既要承受炉体的膨胀力,还要支撑集气管、机焦侧操作平台、焦炉机械的滑线架等。炉柱通过焦炉基础预埋的下拉条和安装在焦炉顶部的横拉条固定,由工字钢或钢板加工而成。炉柱的钢板与保护板之间安装有小弹簧,通过调节小弹簧的受力来保证炉柱的刚度和强度,同时对保护板施加压力,以确保保护板与炉体紧密接触。

(2)保护板。由于焦炉是大容积炭化室,需要保护的面积大,为了保证保护板和焦炉炉体紧密接触,使保护性压力均匀合理地分布在砌体上,有效地保护炉体,因此采用了上保护板、中保护板、下保护板结构。

上保护板支撑在中保护板上,通过炉柱压紧焦炉炉头。上保护板主要保护炉顶拱形部分。上保护板的材质为球墨铸铁或蠕墨铸铁。在上保护板靠近焦炉侧,带有槽形结构,在槽形结构内填满浇筑料。

中保护板安装在焦炉炉头炭化室主墙外表面,支撑在下保护板上,并且通过炉柱压紧焦炉主墙。中保护板还设置有挂炉门机构。中保护板主要保护焦炉主墙部分。中保护板的材质为球墨铸铁或蠕墨铸铁。在中保护板的靠近焦炉侧带有槽形结构,在槽形结构内填满浇筑料。

下保护板安装在焦炉炭化室底炉头两侧,支撑在炉门架上,并且通过炉柱压紧焦炉炭化室底部的炉头墙。下保护板主要保护焦炉炭化室底部。下保护板的材质为球墨铸铁或蠕墨铸铁。在下保护板的靠近焦炉侧带有槽形结构,在槽形结构内填满浇筑料。

(3)炉门架。炉门架的作用是支撑保护板,同时保护四联拱燃烧室。炉门架支撑在焦炉基础上,并且通过炉柱压紧在四联拱燃烧室两侧。炉门架的主要材料为角钢、槽钢和钢板,焊接而成。

(4)横梁。横梁由顶横梁、上横梁、中横梁、下横梁组成,两端与炉柱相连,其作用是通过小弹簧压紧保护板,以使保护板与炉体紧密接触。

(5)横拉条。在焦炉的基础底部和焦炉的炉顶设置有横拉条,作用是拉紧炉柱。焦炉基础底部预埋的横拉条为下横拉条,安装在焦炉顶部的横拉条为上横拉条。上、下横拉条均安装有弹簧,通过弹簧来调节炉柱对焦炉体的压力。

上、下横拉条都由不同直径的圆钢制作而成。一组上横拉条为两根 45 号圆钢制作,在上横拉条的两端有压紧螺母。一组下横拉条为两根 45 号圆钢制作,一端带有弯钩预埋在焦炉基础里,另一端露在焦炉基础外面有压紧螺母。

(6)纵拉条。纵拉条安装在焦炉炉顶,两端穿过抵抗墙的预留孔用弹簧和螺母压紧。纵拉条的作用是拉紧抵抗墙，避免抵抗墙由于焦炉膨胀而向外倾斜。一组焦炉设有 6 根纵拉条。纵拉条由 45 号圆钢制作而成。焦炉的孔数不同，纵拉条的直径也不同。

（7）弹簧。弹簧分为拉条弹簧和炉柱及横梁弹簧。拉条弹簧安装在纵拉条、上横拉条和下横拉条的端部，其作用是调节纵横拉条对焦炉炉体产生的压力，同时固定炉柱。炉柱及横梁弹簧安装在炉柱和横梁内部，其作用是调节顶梁、上、中、下横梁对上、中、下保护板及炉门架产生的压力，以保证保护板、炉门架与炉体紧密接触，控制炉体自由膨胀（图 2-3）。弹簧一般采用圆柱形螺旋压缩弹簧。

（a）　　　　　　　　　　　　　　　　　（b）

图 2-3　弹簧
（a）炉柱弹簧；（b）横梁弹簧

13. 热回收焦炉炉门结构有几种？

答：炉门有上下式炉门和整体式炉门两种结构（图 2-4）。

（1）上下结构式炉门

1）上炉门。上炉门安装在炭化室的上部和炉顶部分，正常生产时固定在保护板上，装煤出焦时不开启上炉门。上炉门的材质为球墨铸铁或蠕墨铸铁，内衬通常为浇筑料。

2）下炉门。下炉门安装在炭化室的下部。装煤出焦时，利用焦炉机械开启关闭下炉门。下炉门的材质为球墨铸铁或蠕墨铸铁，内衬通常为浇筑料。为了减少热量的散发，降低炉门表面的温度，以及改善操作环境和提高热能的回收利用率，目前有些厂家对下炉门内衬保温材料采用了隔热效果更好和导热系数更低的硅酸铝陶瓷纤维。

（2）整体结构式炉门

整体结构式炉门是在上下结构式炉门的基础上，优化改进设计而成。炉门的材质为球墨铸铁或蠕墨铸铁，为了减小炉门重量，内衬直接采用了隔热效果好和导热系数低的陶瓷纤维模块。其主要特点是提高了炉门严密性，大大降低了生产过程中冷空气侵入和降低烧损率。

炉门温度的技术要求如下：炉门内热面工作温度≤1350℃。外壁温度，上下结构式：上炉门≤150℃，下炉门≤90℃；整体结构式：≤90℃。

(a) 　　　　　　　　　　　　　　　(b)

图 2-4　炉门结构

（a）上下结构式炉门；（b）整体结构式炉门

14. 热回收焦炉对弹簧质量有哪些要求?

答：热回收焦炉对弹簧质量的要求如下：

（1）弹簧外观应光洁，无疵点、裂纹、折叠窝孔等缺陷，其撑托面应与中心线垂直。

（2）应按图纸要求抽查10%做技术特性检验，并做三次最大工作负荷试验，应无永久变形。

（3）每个弹簧进行压下量试验，按此进行编组。管理编组的原则为：同类弹簧中，按使用压力范围的累计压缩量在±1mm的分类组合放在一起，将高度及压力接近的弹簧排在一线，以便管理。

（4）弹簧要编组编号：每套弹簧都应在同一公差之内，一般是按在使用压力范围中公差±1mm 的放在一起，将高度及压力接近的弹簧排在一线上，以便于管理。

（5）弹簧加压后，炉柱弯曲度应不超过 15mm，做出详细记录。

（6）烘炉前弹簧加压值见表 2-1。

表 2-1　烘炉前弹簧加压表

炉柱上部横拉条弹簧		5~5.5t/个
炉柱下部横拉条弹簧		3.5~4t/个
炉柱及横梁小弹簧（每个）	上部（炭化室周边）	0.4t/个
	下部（四联拱周边）	0.5t/个
纵拉条弹簧		10.5~25t/组

15. 热回收焦炉横拉条的安装要求有哪些？

答：装于炉柱上的横板及止推螺栓要牢固，横板与保护板顶面之间距离应为 90~95mm，压下螺栓拧到距保护板边缘尚有 15~20mm，以待烘炉期间调整。

16. 热回收焦炉废气系统包括哪些部件？

答：热回收焦炉废气系统包括上升管、桥管、机、焦侧集气支管和集气总管、余热锅炉、脱硫脱硝除尘装置及烟囱等部件。

17. 热回收焦炉废气系统上升管、桥管及集气管的作用是什么？

答：热回收焦炉结构与传统焦炉不同，其废气系统的上升管、桥管及集气管的作用如下：

（1）上升管、桥管

上升管、桥管为连体结构，按机焦侧分别设置，起到连接焦炉炉体和集气管的作用，将经炭化室主墙上升火道送来的四联拱燃烧室完全燃烧的高温废气导入集气支管。

上升管、桥管为钢板焊接结构，内部衬有陶瓷纤维毡和莫来石隔热保温砖。上升管底座设有调节焦炉吸力的手动调节装置或自动调节装置。

（2）集气管

集气管分为集气支管与总管，作用是将每组焦炉机焦侧的高温废气集中起来送到余热锅炉进口。集气管的数量根据焦炭生产的规模、每组焦炉的布置方式，以及余热锅炉数量来配置确定。

集气管为钢板焊接结构，内部衬有陶瓷纤维毡和莫来石隔热保温砖。

18. 热回收焦炉对集气管温度有何要求？

答：为了有效地利用高温废气的余热，改善操作环境，集气总管表面的温度一般设计为不大于50℃。

集气管热面工作温度≤1200℃±50℃，外壁温度≤50℃。

19. 热回收焦炉的工艺流程包括哪些？

答：热回收焦炉的工艺流程见图2-5。

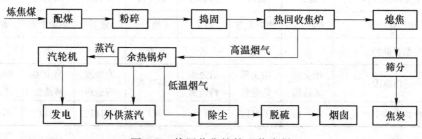

图2-5　热回收焦炉的工艺流程

20. 热回收焦炉的生产操作主要有哪些步骤？

答：热回收焦炉的生产操作包括煤饼捣固、推焦与装煤、接焦与熄焦三个方面。

装煤推焦车行走到捣固站前方进行对位，然后开启送煤板电机，将托煤板送入捣固站平台上。捣固机负责将煤塔送来的炼焦煤，在捣固站上捣固成符合炼焦生产要求的煤饼。捣固机完成煤饼捣固后，松开煤饼两侧的煤槽挡板，开启托煤板电机，将托煤板和煤饼一起抽回到装煤推焦车上。

装有捣固好煤饼的装煤推焦车，走行到需要装煤的炭化室。首先将炭化室内成熟的焦炭推入焦侧的熄焦车上，然后开启托煤板电机，通过装煤系统将托煤板与煤饼一起送入炭化室。煤饼送入炭化室到位后，挡住煤饼，再开启托煤板电机抽回托煤板。

接到焦饼的熄焦车，走行到熄焦装置部位，采用干法或湿法熄焦。

21. 热回收焦炉的主要尺寸及结构特点如何？

答：热回收焦炉的主要尺寸及结构特点见表2-2。

表 2-2　热回收焦炉的主要尺寸及结构特点

焦炉型号		QRD-2000	QRD-2000/改良	QRD-2001	QRD-2002	QRD-2003	QRD-2004	QRD-2005
炭化室全长/mm		13340	13340	13340	12160	12160	12160	13340
炭化室全宽/mm		3596	3596	3596	2812	2812	2812	3596
炭化室全高/mm		2758	2990	2812	2540	2540	2540	2812
装干煤量/t		47~50	55~60	47~50	33~34	33~34	33~34	47~50
结焦时间/h	冶金焦	72~90	90~110	72~90	72~90	72~90	72~90	72~90
	铸造焦	120~150	120~160	120~150				120~150
主要耐火材料		硅砖	硅砖	高铝砖	黏土砖	高铝砖	高铝砖	硅砖
集气管位置		焦炉上方	焦炉上方	地下	地下	地下	焦炉上方	地下
是否烘炉		是	是	否	否	否	否	是
适用范围		冶金焦铸造焦	冶金焦铸造焦	冶金焦铸造焦	铸造焦	冶金焦铸造焦	冶金焦铸造焦	冶金焦铸造焦
冷炉后再生产		不可以	不可以	可以	可以	可以	可以	不可以

22. 我国热回收焦炉的先进性表现在哪些方面？

答：我国的热回收焦炉首次采用了捣固炼焦，特别是液压捣固技术首次应用于炼焦行业，为炼焦新技术的发展做出了重要的贡献。我国的热回收焦炉技术起点高、技术经济指标合理，操作人员经验丰富，有些技术已经处于国际领先水平。热回收焦炉配备与常规机焦炉基本相同的备煤、筛焦工艺，焦炉炉体有完善的焦炉保护板、炉柱等护炉铁件，有装煤推焦车和接熄焦车，目前采用湿法熄焦。炼焦产生的废气送往余热锅炉产生蒸汽，低温废气脱除二氧化硫及颗粒物后经烟囱排放。热回收焦炉炉体结构合理、护炉铁件配置完善、机械化程度高、工艺操作指标先进，已经实现了机械化连续生产，达到了炼焦行业清洁化生产的要求。

23. 什么是热回收焦炉炭化室的有效长度、有效高度和有效容积？

答：炭化室长度减去机焦侧炉门砖深入炭化室的距离，称为炭化室的有效长度。炭化室高度减去炭化室顶部空间高度，即装煤线高度，称为炭化室的有效高度。炭化室的有效长度、有效高度和平均宽度三者之乘积即为炭化室的有效容积。增大炭化室的长、宽、高，可以增加有效容积，提高每孔炭化室的焦炭生产能力。

24. 热回收焦炉主要有哪些机械设备，各起什么作用？

答：QRD 系列热回收捣固焦炉的机械采用了较先进的技术，配置有捣固机、装煤推焦车和接熄焦车三大焦炉机械。

（1）捣固站（捣固机）。捣固机是将装炉煤料在煤塔下面的捣固站上捣固成煤饼的设备。捣固机多为液压捣固，也有采用机械夹板锤捣固。液压捣固具有维修率低、噪声低，煤饼表面平整、密度均匀等优点。它主要由平煤、走行、捣固、侧板定位、液压系统、电气系统、钢结构等组成。

（2）装煤推焦车。其所执行的任务有摘门、推焦和装送煤饼。该车辆装配有捣固煤饼用的煤槽以及往炉内送煤饼的托煤板等机构，主要由开闭炉门机构、推焦装置、装煤饼装置、走行装置、液压系统、电气系统、操作室等组成。

（3）接熄焦车。主要由开闭炉门机构、接焦装置、倾翻装置、走行装置、液压系统、电气系统、操作室等组成。除走行装置为电动机驱动外，开闭炉门机构、接焦装置、倾翻装置均为液压驱动。

25. 热回收焦炉的炼焦工艺有哪些主要优点？

答：热回收焦炉的炼焦工艺主要优点如下：

（1）有利于焦炉实现清洁化生产。焦炉采用负压操作，从根本上消除了炼焦过程中烟尘的外泄。焦炉生产工艺简单，没有大型鼓风机、水泵等高噪声设备。没有回收化学产品和净化焦炉煤气的设施，在生产过程中不产生含有化学成分的污水，不需要建设污水处理车间。在生产过程中，熄焦产生的废水，经过熄焦沉淀池沉淀后循环使用不外排。焦炉炉顶污染物和焦炉烟囱污染物排放情况见表 2-3 和表 2-4。

表 2-3　焦炉炉顶污染物排放情况

项目	$SO_2/mg \cdot m^{-3}$	$H_2S/mg \cdot m^{-3}$	颗粒物/$mg \cdot m^{-3}$	$BSO/mg \cdot m^{-3}$	$BaP/\mu g \cdot m^{-3}$
数值	—	<0.1	<2.5	<0.6	<2.5

表 2-4　焦炉烟囱污染物排放情况

项目	$SO_2/mg \cdot m^{-3}$	氮氧化物/$mg \cdot m^{-3}$	颗粒物/$mg \cdot m^{-3}$	$BSO/mg \cdot m^{-3}$	$BaP/\mu g \cdot m^{-3}$
数值	<100	<200	<30	—	—

（2）有利于扩大炼焦煤源。焦炉采用大容积炭化室结构和捣固炼焦工艺，捣固煤饼为卧式结构，改变了炼焦过程中化学产品和焦炉煤气在炭化室内的流动途径，炼焦煤可以大量使用弱黏结性煤。一般情况下，可以配入 50% 左右的无烟煤，或者更多的贫瘦煤和瘦煤，这对于扩大炼焦煤资源具有非常重要的意义。同时，可以灵活地改变炼焦配煤和加热制度，并根据需要生产不同品种的焦炭，如

冶金焦、铸造焦、化工焦等。

（3）有利于减少基建投资和降低炼焦工序能耗。焦炉配套的辅助生产设施和公用设施少，建设投资低，建设速度快。一般情况下，基建投资为相同规模的传统焦炉的 50%~60%，建设周期为 7~10 个月。此外，热回收捣固焦炉工艺流程简单，设备少，生产全过程操作费用较低，维修费用较少。由于没有传统焦炉的化产回收及配套设施，也没有污水处理等环境保护的尾部治理措施，生产过程中能源消耗较低。

26. 热回收焦炉与一般冶金立式焦炉有何区别？

答：热回收焦炉与一般立式焦炉主要区别在以下几个方面：

（1）加热方式不同。虽然都是煤炭经过干馏形成焦炭，热回收焦炉是在炭化室内煤饼首先进行不完全燃烧，表面形成保护气体层，未燃烧的可燃气体通过下火道进入四联拱进行二次燃烧，加热煤饼；立式焦炉燃烧室与炭化室是分开独立密闭的，通过炉墙传热加热煤饼。

（2）操作压力不同。热回收焦炉炭化室是微负压操作，实现有部分空气的不完全燃烧；四联拱保持负压吸入空气，进行二次完全燃烧。立式焦炉炭化室保持微正压操作，它与燃烧室独立分隔，通过炉墙传热实现加热。

（3）热回收焦炉没有配套化产系统，炼焦过程产生的煤气完全燃烧掉，燃烧产生的热废气通过余热锅炉回收热量，产生蒸汽和发电；立式焦炉产生的煤气要配套化产系统，对煤气进行净化处理，然后煤气作为原料部分外供，部分返回焦炉提供加热源。

27. 热回收焦炉的六联拱与四联拱有何区别？

答：六联拱由原四联拱的两两一组火道分别增加一条火道循环，拉长了废气行程，使废气成分燃烧得更充分、完全；同时，对上部炭化室起到更好的支撑作用。

28. 热回收焦炉燃烧热废气导出系统如何组成？

答：热回收焦炉热废气导出系统包括上升管、桥管、支管和主管系统组成，系统产生的吸力由离心风机提供；遇到系统检修时，由烟囱提供焦炉吸力。工艺流程如图 2-6 所示。

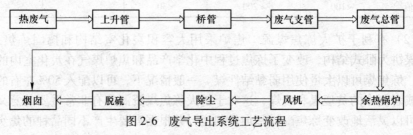

图 2-6　废气导出系统工艺流程

29. 热回收焦炉炭化室与四联拱加热如何平衡?

答: 根据热回收焦炉炭化室与四联拱设计特点,加热方式普遍采取四联拱温度高于炭化室温度 50~100℃,使焦饼达到上下均匀成熟。

30. 热回收焦炉为什么需要护炉铁件?

答: 热回收焦炉主体是由耐火砖砌筑而成,其本身具有松散性,是靠护炉铁件紧固而成为整体的。生产过程中,焦炉(尤其是炭化室部位)承受各种机械力的冲击,因此,靠护炉铁件对其施加保护性负荷,使焦炉膨胀收缩可控,以保持焦炉砌体的完整性和严密性。

31. 热回收焦炉如何防止护炉铁件变形?

答: 护炉铁件的变形原因主要有:

(1)管理不严,在改变炉温后砌体自身膨胀量发生变化,没有及时调整加压弹簧,以致炉柱产生时效变形。

(2)操作不到位,炉门密封不严,导致炉门内局部温度过高,烧坏铁件。

(3)炭化室内产生正压,炉门密封不严时,出现炉门周边冒火现象,烧坏铁件。

(4)推焦时发生局部塌焦,未及时清理造成铁件局部烧坏变形,严重时需要更换。

(5)推焦后的炉头焦没有清理,在炉柱附近燃烧,烧坏炉柱和弹簧。

为了防止炉体铁件变形,应建立健全各项规章制度并严格执行,同时须做到以下几点:

(1)保持加热制度稳定。

(2)定期测量炉体膨胀量,及时调节弹簧荷载,使其符合工作要求。

(3)加强炉门密封。

(4)防止炭化室出现正压。

(5)采取对炉柱、保护板及弹簧的保护措施。

(6)推焦后及时清理炉头焦。

32. 热回收焦炉测量炉柱曲度一般用什么方法,如何测量?

答: 热回收焦炉测量炉柱曲度的方法一般采用三线法,参见图 2-7。

在机侧或集侧沿焦炉纵向各引 3 条细钢丝线,分别位于顶梁、上横梁、下横梁等标高处。钢丝线挂在与抵抗墙相连的测线架上,一侧的 3 条钢丝线应位于同一垂直平面内,然后测量 3 条钢丝线与炉柱的距离,分别为 a、b、c,代入公式即可算出炉柱曲度。三线法是按相似三角形的原理导出的，其计算公式为：

$$A = (a-b) + (c-a) \times e/E$$

式中　A——钢柱曲度，mm；

　　　a——顶梁处钢丝线到炉柱正面的距离，mm；

　　　b——上横梁处钢丝线到炉柱正面的距离，mm；

　　　c——下横梁处钢丝线到炉柱正面的距离，mm；

　　　e——a 到 b 的垂直距离，mm；

　　　E——a 到 c 的垂直距离，mm。

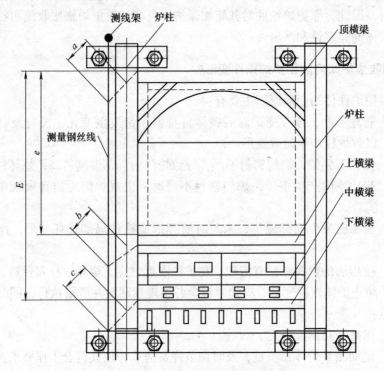

图 2-7　测量炉柱曲度示意图

33. 热回收焦炉如何对机焦侧炉体膨胀测量线架进行校正？

答： 焦炉机焦侧炉体膨胀测量线架刻印，是炉体膨胀测量和炉柱曲度测量的基准点，其准确与否直接关系到所测炉体膨胀的真实性，因此应定期对测量线架进行校正。校正时，通过埋设在抵抗墙顶部的中心刻印，向机焦两侧各引一条垂直于焦炉纵中心线的直线。在此直线上水平放置一根直木杆，木杆的一端刻上标记，并使标记与焦炉的纵中心线刻印重合。打开机焦侧走台预留孔，根据焦炉砌筑时安装测量线架所定的初始尺寸，在木杆的一端做好标记，并沿此标记吊一垂线至下横梁标高处以下。如锤线与抵抗墙同一侧不同高度测量线架的原刻印都重合，则表明测量线架及其刻印准确无误；如果一线架的刻印与垂线不能重合，则需对该线架重新进行刻印。此测量工作应由专业人员定期执行。

34. 影响热回收焦炉炉体膨胀的主要因素有哪些，如何测量和计算炉体的膨胀量？

答：生产过程中的焦炉膨胀包括硅砖中晶形不断转化所造成的焦炉炉长增长，以及因焦炉受到意外损伤带来的焦炉炉长的附加增长；特别是护炉铁件对砌体的挤压力不足造成的砌体松弛，导致裂缝的不断增大，使焦炉炉长产生附加增长。上述情况的前者称为焦炉正常膨胀，后者称为焦炉的非正常膨胀。正常膨胀对焦炉基本上没有破坏性，焦炉保持原来的完整性、严密性及结构强度；非正常膨胀对焦炉有破坏性，使焦炉砌体在某些方面的性能削弱。焦炉膨胀测量点选在顶梁、上横梁、下横梁的水平标高处，在这些测量点的同一水平标高处，分别测量出焦炉基准线与测点的垂直距离，然后将机焦两侧对应炉号的测量数据相加，与原始数据进行比较计算，即可算出炉体膨胀量。

35. 测量热回收焦炉抵抗墙的垂直度有何意义，如何测量？

答：焦炉在烘炉及生产过程中，在整个焦炉的纵向会产生膨胀，使框架式抵抗墙产生倾斜和裂缝。因此，抵抗墙的垂直度在一定程度上可以反映焦炉在纵向方向的变形程度和受力情况，同时还可以反应焦炉纵拉条的负荷状态。

测量抵抗墙垂直度时，打开炉顶抵抗墙炉间台以及炉端台的测量基准点，从抵抗墙上部吊垂线测量整个抵抗墙上、中、下三点距垂直线的距离，然后算出抵抗墙各段的垂直度。每次测量的抵抗墙垂直度应做好记录，并做好测量数据的对比分析。两次测量数据相差较大时，应复测并查明原因。

36. 测量热回收焦炉炉柱与保护板的间隙有何意义？

答：炉柱与保护板的间隙在一定程度上可以反映炉体膨胀变化以及弹簧和炉柱的应力变化。因此，应严格按测量周期进行测量和记录，每次测量后应对测量值进行认真的对比分析。测量炉柱和保护板的间隙时，测量点应选择在间隙最大处，可用梯形塞尺或者钢板尺直接测量。

37. 如何保证热回收焦炉上升管、桥管各连接口的严密性？

答：热回收焦炉上升管、桥管、集气管各连接口密封工作尤其重要，须注意以下三点：

（1）针对热回收焦炉的特殊性，设计时充分考虑连接口结构形式和材料的选型；

（2）建设期间各连接口制作质量应符合设计要求；

（3）加强日常使用中的定期检查和维护工作。

38. 如何保证热回收焦炉烟道支管、总管等各烟道闸板的严密性？

答：（1）在满足焦炉生产需要的前提下，应保证锅炉引风机的稳定运行；

（2）定期对烟道支管、总管等各烟道闸板部位的外部做检查，一旦发现问题，应及时采取措施，进行清理、封堵或更换；

（3）防范因季节变化引起密封材质老化和缺失，特别是大雨季节，应加大检查次数和采取防范措施。

39. 热回收焦炉炉门不严密有何危害？

答：热回收焦炉炉门不严密有以下危害：

（1）造成大量的冷空气侵入，增加焦炭烧损，降低焦炭的质量与产量；

（2）容易产生局部高温现象，造成炉门与铁件损坏；

（3）破坏焦炉的加热制度，给焦炉的温度和压力控制带来困难。

40. 怎样保证热回收焦炉炉门的严密性？

答：要保证热回收焦炉炉门的严密性，应注意以下事项：

（1）定期对炉门及附件进行维修、维护，减少炉门变形，保证附件的完好性；

（2）优化炉门衬体的材质选型，定期对内衬进行检查和维护，使炉门整体处于良好状态，避免造成炉门局部过热而发生变形，破坏了炉门的严密性；

（3）加强大车操作工的操作技能，防止因操作不当出现撞击，导致炉门变形而影响严密性；

（4）严格执行操作规程，加强日常生产中炉门的密封工作；

（5）加强对炉门密封技术的创新，设计炉门密封新结构，增强密封性能。

41. 热回收焦炉如何检查和更换焦炉上部横拉条，如何调整？

答：热回收焦炉上部横拉条相对比较安全。日常检查应选择最容易损坏的部位，即两侧炉头近处，一般采用内卡尺直接测量，对严重受损或直径小于原始直径75%的横拉条，应及时进行补强或更换。

上部横拉条更换前，应制定更换方案。更换时，先在炉顶用钢丝绳、葫芦等工具将机焦两侧炉柱拉紧，并将机焦两侧炉柱用槽钢与相邻的炉柱连接紧固，保证在拉条弹簧松开后机焦两侧的炉柱不发生向外倾斜的现象。然后，松开拉条弹簧，取下旧拉条，将新拉条放置到位，安装上部大弹簧并将弹簧吨位调整到规定负荷。最后，拆除炉顶拉紧炉柱的钢丝绳以及其他用具。

42. 热回收焦炉的保护板如何保护？

答：热回收焦炉的保护板应采取以下保护措施：

（1）应保证焦炉生产加热制度稳定，避免炉体膨胀不均匀而造成保护板受力不均，因局部应力过大而断裂。

（2）保护板的设计和材质能满足宽幅炭化室的工艺要求。

（3）炉柱弹簧负荷符合吨位要求，防止保护板受力不均而产生应力过大导致断裂。

（4）生产运行期间，开闭炉门时应避免对保护板的撞击。

（5）检查推焦杆滑靴磨损情况及压轮、托轮的磨损及间隙，避免推焦头过低，损坏下保护板。

（6）滑靴对炭化室底部磨损过大，造成推焦头过低，损坏下保护板。

（7）操作过程中对位不准确，造成推焦头与炉墙摩擦，从而对中保护板产生冲击力。

43. 热回收焦炉的压力调节系统的工作原理？

答：热回收焦炉的压力调节系统的工作原理有如下几个方面：

（1）焦炉余热锅炉不运行的情况下，焦炉运行的负压全部由烟囱产生，可以用烟道闸板及各集气管闸板进行调节，来满足焦炉生产需要。

（2）余热利用锅炉运行时，通过控制余热锅炉后的风机转速来调节压力，满足焦炉生产需要。

（3）焦炉的压力制度，依据产品方案、产量和加热制度来制定。

44. 热回收焦炉的加热原理是什么？

答：热回收焦炉的加热原理简述如下：

（1）装煤阶段，煤饼加热主要依靠炉顶、炉墙的热辐射，同时伴随有热传导和热对流。

（2）煤饼加热过程中不断产生煤气，在炭化室内不完全燃烧后，经下火道进入四联拱完全燃烧，燃烧过程产生的热量，促进了煤的成焦转化。

（3）调火工根据加热制度调节炭化室与四联拱燃烧室加热温度，使煤饼均匀成焦。

45. 热回收焦炉加热制度制定应考虑哪些因素？

答：热回收焦炉加热制度的制定通常应考虑下列因素：

（1）焦炉砌体的材质的不同，耐火温度的不同，决定了炼焦的温度范围。

（2）制定加热制度，要根据配合煤的结焦特性、产品品种、焦炉产量和炭化室装煤量等因素综合考虑。

（3）焦炉结构与运行状态，也是制定加热制度应该考虑的因素。

46. 热回收焦炉压力制度制定应考虑哪些因素？

答： 热回收焦炉压力制度的制定应考虑以下因素：

（1）焦炉压力制度的制定要满足加热制度的要求。

（2）制定焦炉压力制度时，要综合考虑焦热平衡，保证焦炭质量，实现最佳效益。

（3）制定压力制度时还应考虑炉体的安全运行。

47. 炼焦煤在热回收焦炉内如何形成焦炭？

答： 炼焦（又称煤炭的焦化）是煤炭深加工利用的重要途径之一，是将煤在隔绝空气的条件下进行干馏的过程。热回收焦炉也属高温炼焦。配合煤在焦炉炭化室内转变为焦炭，大体要经过干燥脱气、热解和半焦收缩以及焦炭形成这几个阶段。这些阶段相互交错，不能截然分开。

（1）干燥脱气阶段。配合煤入炉后从常温到200℃主要为干燥脱气阶段。常温到120℃前，煤主要是脱水和干燥；120~200℃，煤释放出吸附的CH_4、CO_2、CO 和 N_2 等气体，是一个脱吸过程。

（2）热解与半焦收缩阶段。200~300℃，煤开始分解，生成 CO、CO_2、H_2 等气体，同时释放出结晶水及微量焦油；300~600℃，是以解聚为主的半焦形成阶段。300~450℃，煤进行剧烈的分解和解聚，析出大量焦油和气体，气体主要是 CH_4 及其同系物，还有 CO、CO_2、H_2 及不饱和烃等，这些气体为热解一次气，在此期间生成气、液、固三相为一体的胶质体，使煤发生软化、熔融、流动和膨胀；450~600℃温度范围内，胶质体分解、缩聚、固化成半焦。

（3）焦炭形成阶段。600~1050℃，是以缩聚为主的焦炭形成阶段。600~750℃，半焦分解析出大量气体，主要是 H_2 和少量的 CH_4，这些气体称为热解二次气体，在此期间，随着温度的升高和气体的析出，半焦将形成裂纹；750~1050℃，半焦进一步缩聚，继续析出少量气体，主要是分解的残留物进一步缩聚、变紧、变硬，排列趋于规则化，半焦转化为具有一定强度和块度的焦炭。

48. 热回收焦炉的捣固系统有几种类型？

答： 热回收焦炉的捣固系统通常有两种类型：

（1）捣固站。它是将储煤槽（贮煤塔）中的煤料捣实最终形成煤饼的机械，有可移动式捣固和固定位置连续捣固两种。QRD-2000 型焦炉的固定捣固位置设在贮煤塔下部焦炉中央位置，主要由煤料给入系统、主体具有刚性的钢铁结构支架、带有液压煤槽可移动式行走布煤捣固系统、供电系统及集控操作系统组成。其中捣固有两种形式：其一采用机械锤，其二采用液压程控板锤。

（2）捣固装煤推焦机。它是焦炉推焦和捣固装煤的机械，主要由钢结构架、走行机构、开门装置、推焦装置、送煤装置、除尘装置及操作室组成。钢结构是捣固装煤推焦机的主体骨架，各种机构和部件均设置其上。由于捣固机在煤箱内直接捣固煤饼，钢结构架和煤箱要承受很大的冲击和振动，因此，钢结构架须具有很大的刚性。

49. 热回收焦炉如何确定煤饼捣固设备？

答：根据产品品种和工艺指标要求，能够满足捣固后的煤饼密度要求的捣固设备，均可以选用；同时还要考虑职业安全、卫生、环保指标的要求。

50. 热回收焦炉的捣固用煤的水分如何确定？

答：从煤饼捣固密度、防止塌煤、减少热损耗、保证焦炭质量等因素综合考虑，配合煤水分一般按照 10%～12% 来控制工艺指标。水分过低，会降低捣固密度，易造成塌煤；水分过高，会增加热损耗，降低焦炭质量。

51. 热回收焦炉在炼焦过程中荒煤气是怎样一个流程？

答：热回收焦炉的荒煤气流程如图 2-8 所示。

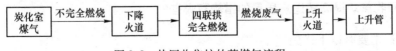

图 2-8　热回收焦炉的荒煤气流程

52. 热回收焦炉生产的铸造焦有何用途？

答：热回收焦炉生产的铸造焦主要应用于铸造机械、军工、汽车运输等行业高等级的零部件；在岩棉生产行业也得到广泛使用。

53. 铸造焦在冲天炉中的作用是什么？

答：铸造焦在冲天炉中的作用主要是作为化铁炉熔铁的燃料，其作用是：

（1）熔化炉料并使铁水过热。

（2）作为支撑料柱保持良好的透气性。

（3）调节铸件碳含量。

因此，铸造焦应具备块度大、反应性低、气孔率小、具有足够的抗冲击破碎强度、灰分和硫分低等特点。

54. 中国铸造焦的产品标准如何规定？

答：目前国内铸造焦质量标准执行《中国铸造焦质量标准（GB8729—88）》，详见表2-5。

表 2-5　中国铸造焦质量标准（GB8729—88）

级　别	指　标		
	特　级	一　级	二　级
块度/mm		>80 80~60 >60	
水分/%（≤）		5.0	
灰分/%	≤8.00	8.01~10.00	10.01~12.00
挥发分/%（≤）	1.50		
硫分/%（≤）	0.60	0.80	0.80
转鼓强度/%（≥）	85.0	81.0	77.0
落下强度/%（≥）	92.0	88.0	84.0
显气孔率/%（≤）	40	45	45
碎焦率（<40mm）/%（≤）	4.0		

55. 热回收焦炉提高铸造焦质量的措施有哪些？

答：主要有以下措施：
（1）保证原料煤质量及合理的配比方案；
（2）保证配煤均匀及细度要求；
（3）提高煤饼制作质量，提高煤饼捣固堆比重；
（4）严格制定并执行加热制度、压力制度；
（5）添加瘦化剂，增加块度、强度，降低气孔率；
（6）严格控制配合煤水分；
（7）煤饼制作增加隔层，控制焦炭裂纹，提高块度均匀性；
（8）采用煤饼覆盖层，减少烧损，提高焦炭质量。

56. 推焦前怎样判断热回收焦炉炭化室内焦炭的成熟情况？

答：正常情况下，摘开炉门推焦前，装化室内的焦饼应正好处于结焦末期的成熟状态。如果焦炭成熟不够或焦炭过火，都表示在炼焦的某一个环节上存在问题。可以从炉顶空间火焰、炭化室内焦饼的状况判断焦饼的成熟情况：

（1）焦饼成熟良好的状况。炭化室内的焦饼呈金（橙）黄色，焦饼收缩良好，收缩缝在 10~20mm。炭化室内通透，火焰清晰淡薄，无黑烟。

（2）焦饼成熟不够的状况。炭化室内的焦饼呈紫红色，火焰夹带黑色，且上下波动不止。焦饼收缩差，收缩缝窄。

（3）焦饼成熟过火的状况。炭化室顶部空间无火焰。焦饼上部烧损严重，化灰明显。

57. 什么是推焦串序，应如何编制？

答：推焦串序是指焦炉各炭化室推焦的先后序列。编制推焦串序的原则是：

（1）一个炭化室推焦时，与之相邻的两侧炭化室要有足够的膨胀压力。

（2）推焦和装煤在全炉引起的温度波动最小。

（3）集气管压力沿焦炉全长方向分布均匀。

编制推焦串序的方法是，从焦炉的一端向另一端，把炭化室（简称炉室）编成序号。然后有规律地每隔若干炉室排一个，编成一组（串），共编成若干串，再将各串炉室按上述原则联在一起，编制成完整的推焦串序。常用的推焦串序有"5-2"、"2-1"和"9-2"。

58. 常用推焦串序的差异有哪些，热回收焦炉一般使用什么串序？

答：常用推焦串序的差异见表 2-6，热回收焦炉一般执行 5-2 串序。

表 2-6　常用推焦串序的差异

特　点	9-2 串序	5-2 串序	2-1 串序
炉组方向温度均匀性	较好	差	好
集气管压力均匀性	好	较好	差
车辆利用率	低	较高	高
操作与维修条件	好	较好	差

59. 热回收焦炉推焦困难的原因何在？

答：从推焦电流的大小，可以知道炭化室推焦是否困难。推焦电流超过允许值，视为推焦困难。原因如下：

（1）入炉煤料的黏结性不良，在炭化室不能成焦，或煤料中收缩性好的炼焦煤缺乏，以至于焦饼不能很好收缩。

（2）焦饼加热不良，有过生或过火的现象。

（3）炉底、炉墙变形。

（4）结焦时间太长，使焦饼过熟。这种焦炭多为细碎，不能传递推焦压力，推焦时产生挤损现象而难以推焦。

60. 推焦杆脱离限位应如何处理？

答：热回收焦炉推焦车可能会发生推焦杆上的齿条与传动齿轮啮合度不够的现象，此时可用铁板等物在传动齿轮座下加垫，使两齿咬合后，启动推焦装置，使推焦杆复位。

61. 推焦过程突然停电应如何处理？

答：若推焦杆在推焦途中停电，应立即组织人力，用手摇装置把推焦杆摇回原位；若装有应急柴油机拖动装置，应启动该装置将推焦杆拖回原位。

62. 焦炉车辆走行出现故障应如何判断原因？

答：要具体问题具体分析：

（1）电器方面有：控制线路、控制单元电器元器件、电气控制联锁、电机性能等故障。

（2）机械方面有：轴承、走行轮、减速机、平衡支架等故障。

63. QRD 热回收焦炉配套捣固机常见故障有哪些？

答：主要有以下故障：

（1）液压系统故障（系统内漏外漏、油缸不同步、液压阀或电磁阀故障等）。

（2）走行故障（包括液压部分）。

（3）布煤不畅（包括配合煤煤质、水分及杂物等影响）。

（4）电液推杆故障（包括液压部分）。

（5）电气系统故障。

64. 热回收焦炉配套煤塔采用什么设计结构？

答：常规设计储煤部分是钢混结构，中间有隔墙，内部分成几个煤仓；漏斗部分通常为双曲线钢结构。

65. 热回收焦炉如何进行焖炉？

答：热回收焦炉焖炉减产通常采取以下三项措施：

（1）降低焦炉整体吸力，延长结焦时间。

（2）关闭一二次进风，关闭调节砖，减少进风。

（3）加强炉顶、炉门、炉底等部位的密封，降低热量损失。

66. 热回收焦炉的冷炉怎样进行？

答：热回收焦炉的主要材料为硅砖或黏土砖，耐火温度区间大，且护炉铁件压力大，不易变形，如操作控制得当，可以进行冷炉停产。冷炉停产主要步骤如下：

（1）对要停产的本组焦炉煤饼的厚度进行调整，使成熟一致，温度变化一致。

（2）以每组炉子为单位，逐步进行焖炉，做好焦炉所有进风部位的密封。

（3）制定温度调节制度，调整整体的吸力。

（4）根据炉体的收缩变化，及时调整弹簧压力，使炉体收缩均匀可控。

（5）当温度降低到安全温度后，进行推焦。

67. 热回收焦炉如何调节单孔炭化室、四联拱压力及温度？

答：主要通过以下几个措施调节单孔炭化室、四联拱压力及温度：

（1）通过调节风机吸力，来调节总烟道吸力。

（2）通过调节桥管调节砖来调节每孔对应的炭化室及四联拱压力。

（3）通过调节炭化室顶部一次进风口风门开度来细调炭化室压力及温度。

（4）通过调节四联拱二次进风口风门开度来细调四联拱压力及温度。

68. 热回收焦炉生产过程中遇到大停电如何处理？

答：热回收焦炉生产过程中遇到大停电，应立即按照如下要求操作处理：

（1）提升总烟道闸板，防止焦炉炭化室长时间正压，影响焦炉安全运行。

（2）当焦炉正在进行推焦装煤操作时，立即启动大车应急预案，确保推焦杆、托煤板、接焦槽等设备完好，不变形。

（3）恢复正常生产前，为延长结焦时间，减少损失，要做好焦炉的温度调整及密封工作。

（4）有条件的企业，可启动应急电源。

69. 热回收焦炉生产过程中炉门安装不到位是什么原因？

答：出现挂炉门安装不到位时，应检查以下部位，排除故障：

（1）炉门变形较严重。

（2）炉门销轴、插板等挂件变形较严重。

（3）护炉铁件上的固定件有松动和位移现象。

（4）车辆摘门系统有故障。

（5）炉门边框及保护板清理不干净。

（6）新更换炉门或内衬耐火材料尺寸不合适。

70. 热回收焦炉炉门脱钩或炉门倾倒应如何处理？

答： 根据具体情况按照以下步骤进行处理：

（1）炉门脱钩或倾倒在车辆摘门系统上。首先应禁止摘门车辆移动，应用钢丝绳、手拉葫芦或吊车来辅助复位。

（2）如果炉门掉落到操作平台下。应立即将掉落炉门移开轨道准备修复，同时装配备用炉门。

71. 热回收焦炉装煤操作应注意哪些问题？

答： 装煤操作应注意以下几个方面的问题：

（1）检查煤饼捣固是否密实、表层平整。

（2）托煤板对位是否准确。

（3）确认煤箱前挡板是否操作到位。

（4）装煤时要做到匀速输送，避免煤饼松动倒塌，减少烟尘外逸。

（5）送煤完毕，应及时关闭炉门并进行密封。

72. 热回收焦炉推焦操作应注意哪些问题？

答： 推焦操作应注意以下几个方面的问题：

（1）推焦前应检查焦炭成熟情况。

（2）注意推焦启动和推焦过程中的电流变化情况，如果达到极限电流，应立即停止，报告有关部门处理。

（3）按照推焦计划定时推焦，每次推焦的时间不允许提前或拖后。摘门前应清除炉门四周的密封条。

（4）在推焦车和熄焦车之间应有信号装置，推焦杆与推焦车走行应有联锁。严禁解除联锁推焦，推焦司机在确认收到接焦车接焦系统准备好发出的信号后才能推焦。推焦车司机要认真记录推焦时间、装煤时间和推焦电流。

（5）炭化室摘开炉门的敞开时间不应超过 7min。炭化室炉头受装煤、推焦影响剥蚀较快，摘门时间越长，冷空气侵蚀时间越长，炉头砖剥蚀越快。

（6）禁止推生焦和相邻炭化室空炉时推焦。

（7）推焦杆变形时严禁推焦。只有推焦杆平直无弯曲变形，才能保证推焦顺畅。但是，推焦杆常年在高温下工作，特别是在推焦过程中，遇到突然停电或发生机械事故等原因，在高温烘烤下，易使推焦杆扭曲、变形。用变形的推焦杆推焦时，不仅阻力大，运行不稳定，甚至会产生跳动，容易造成推焦困难。而且推焦杆头在行走过程中有可能剐撞炭化室墙，造成炉墙破损和变形。因此，一旦发现推焦杆和杆头变形，必须及时校正或更换。

73. 不按照推焦计划推焦有什么危害?

答: 不按照推焦计划推焦，主要有如下危害:

（1）容易打乱推焦串序和出现乱笺现象;

（2）容易使焦炭过火及化焦严重;

（3）破坏整座焦炉温度的均匀稳定性;

（4）破坏焦炉纵向压力的均匀分布;

（5）打乱焦炉废气匀速输送和稳定，影响余热回收率;

（6）影响焦炉产能和产品质量;

（7）影响炉体安全运行。

74. 热回收焦炉发生红焦落地应如何处理?

答: 红焦落地，指的是推焦时焦炭没有正常地通过导焦槽进入熄焦车接焦槽，而是落到焦侧操作台等处的现象。主要有以下三种情况:

（1）推焦车与熄焦车没有对准同一炉号，造成焦侧炉门推落或倾斜，红焦落地;

（2）熄焦车导焦槽尚未完全到位，此时推焦造成红焦落地;

（3）熄焦车对位完毕，接焦槽到位但锁闭未到位，推焦过程接焦槽移位，造成红焦落地。

红焦落地是十分严重的操作事故。大量红焦落入操作台、熄焦车轨道，有可能使之变形报废，并造成人身伤亡事故，因此必须引起高度的重视。

一旦发生红焦落地，处理的步骤原则如下:

（1）迅速将焦炉内剩余焦炭推入熄焦车;

（2）迅速断电，做好焦炉设备及人员的安全保护工作;

（3）迅速移开熄焦车，熄灭并清理落地红焦;

（4）修复被损坏的设备，恢复生产。

75. 热回收焦炉的炉顶操作有哪些注意事项?

答: 由于热回收焦炉炉顶是拱形结构，设有一次进风口、桥管调节装置和保温隔热层，是操作重点部位，应注意以下事项:

（1）应加强对炉顶的保护，不允许堆放易燃物品和吊放过重设备压放在炭化室炉顶部位;

（2）操作工炉顶操作，应以炉顶走台为行走路线，减少减轻对炉顶损坏；

（3）在一次进风口、桥管调节装置操作时，要加强防护，避免烫伤；

（4）做好炉顶各部位的连接密封工作，防止冷风吸入，对设备产生高温损坏以及防止破坏加热制度，影响产品质量；

（5）及时检查及更换损坏的炉顶部件及附属设施，保证焦炉安全运行。

76. 热回收焦炉进水有何危害，如何防止？

答：焦炉进水会使焦炉耐火砖砌体遭到破坏；另外，炭化室内温度很高，水流入炭化室后，就会急速气化、膨胀而产生爆炸。因此必须采取措施进行防水处理：

（1）应组织人员经常到炉顶进行清扫，保证炉顶导流槽畅通；

（2）一次进风口底座、桥管底座、主墙两侧应及时密封和修补完整；

（3）拱顶膨胀缝及时用柔性材料填堵，做好防水处理；

（4）做好厂区泄洪排水，防止暴雨时焦炉底部进水；

（5）连续下暴雨时，应做好炉顶防雨工作，防止炉温降低，影响炉体安全。

77. 热回收焦炉下降火道出现堵塞的原因是什么，应如何处理？

答：火道出现堵塞的主要原因是吸力偏小，流速偏慢，烟气在火道内滞留时间过长导致废气中的烟灰堵塞火道；入炉煤挥发分过高，产生挥发性物质过多，不能完全燃烧。

正常情况下，入炉煤料中含有 10%～12% 的水分。当将煤料捣固成煤饼经托煤板送入焦炉炭化室内时，在焦炉炉温的作用下，会即时产生大量含有水蒸气的混合烟气。因此时炉温偏低，机侧炉门打开，烟道吸力不足，烟气未能及时燃烧，在烟道吸力的作用下，以缓慢流速经下降火道进入四联拱燃烧室，行进途中所产生的烟尘会自然挂落在下降火道及四联拱燃烧室的壁上，久而久之，挂落在下降火道壁上的烟尘越结越厚并且炭化变硬，致使烟道堵塞。

为避免这种现象的发生，要尽量缩短推焦装煤的操作时间，及时关闭炉门，使炉内保持较高的可燃温度；及时打开桥管底座调节阀板保证其足够的吸力；及时给足炭化室配风量，使烟气在炭化室内尽量获得较充分的一次燃烧，再给四联拱燃烧室内配适当的风，使一次未完全燃烧的烟气在四联拱燃烧室内获得完全燃烧。

一旦发生堵塞，采取推焦后直接关闭炉门，加大吸力，空烧炭化室。如在生产过程中堵塞严重，出现正压时，打开炉门，使用专用工具处理，恢复正常生产。

78. 热回收焦炉四联拱机焦侧温度差大是什么原因？

　　答：四联拱机焦侧温度差大主要有以下原因：
　　（1）机焦侧吸力偏差大，高温烟气分布不均；
　　（2）二次进风口配风不合理，导致温度差大；
　　（3）四联拱两边封墙漏风，保温质量差，热量损失大；
　　（4）四联拱底部开裂，导致冷风进入，降低温度；
　　（5）仪表测量不准确。

79. 热回收焦炉的炉体保温有哪些重点部位？

　　答：热回收焦炉属于负压炉型，炉体保温十分重要。结合热回收焦炉实际情况，应对以下区域做重点保温：炉顶、四联拱机焦侧墙体、桥管和集气管以及各连接口、炉门等部位的密封。
　　采用材料：炉顶及四联拱为固体隔热材料；桥管和集气管为石棉编织绳；炉门内衬为轻质莫来石砖或纤维折叠毯等材料。

80. 什么是捣固炼焦？

　　答：将配合煤用捣固机捣实成体积略小于炭化室的煤饼后，从一侧推入炭化室进行高温干馏的炼焦技术，称为捣固炼焦。与以往的顶装炼焦技术相比，捣固炼焦降低了优质焦煤和肥煤的配入量。随着焦炭产能的快速提高，导致优质炼焦煤供应紧张，可节约优质炼焦煤资源的捣固炼焦技术得到广泛推广。
　　捣固炼焦技术 1882 年起源于德国，从 20 世纪开始，捣固炼焦技术在一些高挥发分煤或弱黏结性煤贮量丰富而焦煤缺乏的国家和地区相继被采用。20 世纪 50 年代，我国在高挥发煤产量丰富的东北和华东地区自行设计建造了 3.2m 捣固炼焦的焦炉，以非优质炼焦煤为主生产化工、冶金用焦炭。但规模较小，发展速度也较慢。70 年代，第一座 3.8m 捣固焦炉建成投产。1995 年，青岛煤气厂引进使用了 3.8m 德国产摩擦传动、薄层给煤、连续捣打的捣固机组。至 1997 年，我国先后在大连、抚顺、北台和淮南等市建成了 18 座捣固焦炉，炭化室高度大都为 3.2m，总产能为 212 万吨/年。在本世纪初，我国设计开发了炭化室高 4.3m 的捣固焦炉，采用该技术的焦炉在国内开始陆续新建和改建。2006 年开始，我国自行设计的 5.5m 捣固焦炉陆续投产。2007 年，我国自行设计的 6.25m 捣固焦炉开始建设，并于 2008 年投产。随着捣固炼焦工艺技术的发展，尤其是在环保问题上的技术突破和逐步完善，我国采用捣固炼焦技术的厂家迅速增加。

81. 采用捣固炼焦工艺的特点是什么？

　　答：捣固炼焦工艺的特点主要有以下几个方面：

（1）扩大了炼焦煤源。捣固炼焦工艺可以多配入弱黏结煤，少用强黏结性煤。通常情况下，普通炼焦工艺只能配入气煤35%左右，而捣固工艺可以配入气煤达到55%左右。在用热回收焦炉生产铸造焦时，还可以大量配入无烟煤、贫煤，配入比例可达50%左右。另外，捣固炼焦工艺煤料的黏结性可选范围宽，无论采用低黏结性煤料还是高黏结性煤料，经过合理配煤，都可以生产出高质量的焦炭。而普通炼焦工艺煤料黏结性的可选择范围很窄。因此，捣固炼焦工艺是一种扩大煤源的炼焦工艺。这也弥补了我国炼焦用焦煤、肥煤供应不足的情况，适合我国炼焦行业的发展。

（2）捣固可以使煤饼中煤颗粒间的间距缩小28%~33%。在结焦（炼焦）过程中，煤料的胶质体很容易在不同性质的煤料表面均匀分布浸润，煤料间的间隙越小，填充间隙所需的胶质体液相产物的数量也相对减少，即可以使更多的胶质体液相产物均匀分布在煤粒表面上，进而在炼焦过程中，在煤粒之间形成较强的界面结合，从而改善了煤的黏结性，达到提高焦炭质量的目的。

（3）由于捣固炼焦可以多用弱黏结性煤料，少用强黏结性煤料，因而也降低了焦炭生产成本。

（4）捣固炼焦可以增加入炉煤料的堆密度，同样配比条件下可以增加30%左右，因此在相同炭化室条件下，能够增加焦炭的产量。

（5）节省了投资费用。同样炭化室高度的捣固焦炉与顶装焦炉，投资大体相当。但是由于捣固焦炉的产能大，因此捣固焦炉产能的单位投资要比顶装焦炉低。

82. 捣固炼焦的机理是什么？

答：捣固炼焦工艺中，煤料在焦炉以外与炭化室尺寸相近的铁箱中进行捣固，捣固过的致密煤饼通过打开的炉门送入炭化室。煤料经捣实后，其堆密度可由散装煤的 $0.7 \sim 0.75 t/m^3$ 提高到 $0.95 \sim 1.15 t/m^3$，有利于提高煤料的黏结性。而且控制捣固煤密度可使煤饼高宽比大于9，甚至可以达到15。因为煤料堆密度增加，煤粒间接触致密，间隙减小，填充间隙所需的胶质体液相产物的数量也相对减少。也就是说，由煤热分解时产生的一定数量的胶质体。能够填充更多煤粒之间的间隙，可以用较少的胶质体液相产物均匀分布在煤粒表面上，进而在炼焦过程中，在煤粒之间形成较强的界面结合。

捣实的煤料在结焦过程中产生的干馏气体不易析出，煤粒的膨胀压力增加，这就迫使变形的颗粒更加靠拢，增加了变形煤粒的接触面积，有利于煤热解产物的游离基与不饱和化合物进行缩合反应。同时，热解产生的气体逸出时遇到的阻力增大，使气体在胶质体内的停留时间延长，这样，气体中带自由基的原子团和热分解的中间产物有更充分的时间相互作用，有可能产生稳定的、相对分子质量适度的物质，增加胶质体内不挥发的液相产物。这样胶质体不仅数量增加，而且还变得稳定。这些都有利于提高煤料的黏结性和结焦性。

另外，在捣固煤料中配入适当数量的焦粉或瘦煤等瘦化组分，既能减小收缩应力，增大焦炭块度；又能使煤料中的黏结组分和瘦化组分达到恰当的比例，增加气孔壁的强度。捣固炼焦工艺最适合于以高挥发分的黏结性能差的煤为主的配煤炼焦。配入少量焦煤、肥煤的目的，在于调节黏结成分的比例，弥补配合煤料黏结性能的不足。实践证明，适当加入焦粉、瘦煤等瘦化组分后，捣固炼焦的焦炭抗碎强度有明显增加和改善。

83. 热回收焦炉为何选用捣固炼焦工艺？

答：热回收焦炉选用捣固炼焦工艺的原因如下：

（1）热回收捣固式机焦炉，是在总结全国成熟的焦炉管理经验的基础上改进创新的炉型，适用于以生产焦炭和发电为主的工艺路线，是世界炼焦重点发展技术之一。

（2）炼焦煤范围广，可大量使用弱黏结煤炼焦。

（3）生产效率高，焦炭质量好、块度大。

（4）采用先进的机械和液压捣固侧装煤，平接焦工艺技术。

（5）操作简单，易于管理。

（6）具有显著的经济效益、良好的环境效益和社会效益。

84. 热回收焦炉捣固炼焦对用煤有何要求？

答：捣固炼焦对配合煤的要求主要有以下几个方面：

（1）水分控制。捣固炼焦的煤料水分是煤粒之间的黏结剂，一般应控制在10%~12%，水分低，煤饼不易捣实，装炉时煤饼易坍塌；水分过高，会使煤饼强度明显降低，对捣固、炭化均不利，而且会延长结焦时间。因此，在配煤之前，对煤料的水分要严格控制。

（2）细度要求。入炉煤粒度根据产品品种要求进行控制：生产铸造焦时，一级粉碎后弱粘煤粒度要求<1.5mm占90%以上，配合煤粒度要求<1.5mm占92%以上；生产冶金焦时，一级粉碎后弱粘煤粒度要求<1.5mm占85%以上，配合煤粒度要求<1.5mm占90%以上。

（3）瘦化组分。为提高焦炭的机械强度，减少焦炭裂纹，需在配合煤中加入一定数量和品种的瘦化组分。

85. 热回收焦炉炼焦工艺主要有哪些形式？

答：热回收焦炉炼焦工艺主要有生产冶金焦和生产铸造焦两种形式，同时在焦炉用砖、配套机械、备煤出焦、余热发电等方面按照工艺要求进行配套。

86. 热回收焦炉煤饼捣固的基本工艺流程如何?

答:按照生产焦炭品种不同,主要流程如图 2-9 所示。

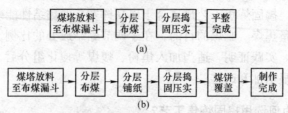

图 2-9　热回收焦炉煤饼捣固的基本工艺流程
(a) 冶金焦煤饼制作流程;(b) 铸造焦煤饼制作流程

87. 热回收焦炉装煤时出现坍塌是什么原因,如何防止?

答:出现煤饼坍塌的原因和防范措施见表 2-7:

表 2-7　煤饼坍塌的原因和防范措施

序　号	原　　因	防范措施
1	煤质、水分控制不符合工艺要求	严格控制配煤比和配合煤水分
2	煤饼捣固密度不符合工艺要求	严格控制工艺数据
3	煤槽活动壁锁闭不牢	检查调整液压系统
4	托煤板表面不平整、不光滑,底部滑道不顺畅、运行不平稳	检查维修托煤板
5	焦炉底部磨损过大,影响托煤板顺利进出	检查维修炉底
6	车辆行走晃动	检查道轨及车辆行走系统,保证车辆平稳运行

88. 热回收焦炉生产铸造焦的炼焦温度如何控制?

答:由于生产铸造焦要求产品具有块度大,密实度高,落下强度高等特点,因此操作工艺控制要求升温速度较慢,结焦时间较长。一般分三个阶段控制温度:结焦初期,结焦中期,结焦末期。入炉煤的配比不同,各阶段的温度控制不同。

89. 热回收焦炉生产铸造焦的筛焦系统由哪些部分组成?

答:铸造焦生产的筛焦系统由以下四部分组成:
(1) 晾焦部分;(2) 运焦部分;(3) 筛分部分;(4) 储存部分。

90. 铸造焦筛焦系统的主要工艺流程如何?

答:铸造焦筛焦系统的工艺流程见图 2-10。

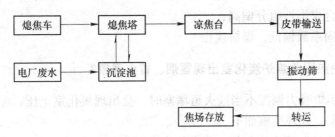

图 2-10　铸造焦筛焦系统工艺流程

91. 铸造焦的运焦系统有哪些设备？

答：运焦系统主要有运焦皮带机、装载机、翻斗车等设备。

92. 目前有哪些热回收焦炉炼焦新技术？

答：随着国内热回收焦炉的发展，目前采用的新技术有以下几个方面：

（1）改进焦炉内部结构，减少系统阻力，节约能源；

（2）采用单炉门结构代替原先的上下炉门结构，减少热量损失，提高发电效率，节约耐材使用量；

（3）完善焦炉脱硫、脱硝、除尘等环保技术，实现焦炉达标排放；

（4）采用新型的配风技术，解决焦炉化焦严重、燃烧不均匀等问题；

（5）焦炉炉体结构的持续改进与完善。

93. 热回收焦炉焦饼出现生焦和过火的原因何在，应如何处理？

答：焦饼出现生焦和过火的原因及处理措施见表 2-8。

表 2-8　焦饼出现生焦和过火的原因及处理措施

序号	原 因 分 析	处 理 措 施
1	温度不均匀	按照结焦时间工艺要求调整四联拱与炭化室的配风量
2	托煤板不光滑造成煤饼变形	打磨托煤板，变形严重进行更换
3	结焦时间控制不合理	调整合适结焦时间
4	炉体串漏	喷补修复

94. 热回收焦炉生产铸造焦出现熔融不好是什么原因？

答：热回收焦炉生产铸造焦出现熔融不好，主要有以下原因：

（1）配合煤黏结指数低，结焦性差；

（2）炼焦温度控制达不到配合煤熔融需求；

（3）配合煤惰性组分偏高；

（4）捣固系数偏低，煤饼疏松。

95. 如何避免热回收焦炉炭化室出现冒烟、冒火现象？

答：当焦炉吸力调控不当或火道堵塞时，会出现炭化室正压，配风口和炉门冒烟冒火现象。处理措施如下：

（1）严格控制配合煤指标，避免挥发分过高；

（2）按照工艺要求控制吸力，保持炭化室呈微负压状态；

（3）及时清理火道，保证火道畅通。

96. 储煤塔煤料难下影响正常生产的原因是什么？

答：储煤塔煤料难下有两种情况：一是冬季生产时煤料冻结，造成结块难下；二是由于煤料中水分黏结以及煤料分子间力的作用，黏附煤塔壁后逐渐形成"棚煤"。

为防止煤料难下，可采取以下措施：

（1）对煤塔漏斗部分进行保温；

（2）储煤塔漏斗上装设热风装置；

（3）在储煤塔漏斗上安装空气炮。

第3章 生产工艺

1. 热回收焦炉的温度制度有哪些？

答：焦炉温度制度包括炭化室顶部温度、四联拱燃烧室温度、集气管温度、集气总管温度以及高温废气回收热量产生蒸汽以后的温度。

2. 热回收焦炉的炭化室顶部温度有哪些控制要求？

答：因该炉型炭化室容积大，为了加热均匀和便于测温，在炉体顶部设置有一次进空气口和测温孔。在一个结焦周期内，如其他条件不变，炭化室内的温度在装煤、出焦一个结焦周期的不同时间温度也不同，该温度也受相邻炭化室温度影响。结焦时间越长，在一个结焦周期中顶部温度变化越平缓。此外影响该温度的因素还有：入炉煤水分、空气过剩系数、结焦时间以及相邻炭化室所处的结焦程度等。严格控制炭化室顶部温度，有利于提高焦炭质量、增加产量、延长焦炉使用寿命。该温度可通过改变炉顶吸力控制进空气量调节。炭化室顶部温度最高不应超过1350℃，生产冶金焦时，操作温度范围为850~1350℃；生产铸造焦时，操作温度范围为750~1100℃；刚装入煤时，温度不应低于750℃。

3. 热回收焦炉的四联拱燃烧室温度有哪些控制要求？

答：四联拱燃烧室温度控制与调节非常关键，温度过高将影响焦炉的使用寿命，温度过低将影响结焦时间和焦炭质量。四联拱燃烧室温度通过改变四联拱的吸力、控制进空气量来调节。其温度最高不超过1350℃。生产冶金焦时，正常操作温度为1150~1250℃；生产铸造焦时，最高温度控制不超过1200℃，正常操作温度为1000~1100℃，最低温度不低于750℃。

4. 热回收焦炉的机焦侧集气管温度有哪些控制要求？

答：机焦侧集气管废气的温度，受每孔炭化室炼焦的操作状况的影响，有所波动。一般来讲，集气管废气的温度低于炭化室的最高温度。集气管的温度和集气管内衬所选的隔热材料也有关系。机焦侧集气管的废气温度，生产冶金焦时一般控制在1050~1100℃，最高不超过1200℃；生产铸造焦时，一般控制在700~800℃。最低不低于600℃。

5. 热回收焦炉的集气总管温度有哪些控制要求?

答:集气总管的温度略低于机焦侧集气管的温度,生产冶金焦一般控制在1000~1050℃,最高不超过1100℃;生产铸造焦时一般控制在500~700℃,最低不低于450℃。

6. 如何要求热回收焦炉的焦饼中心温度?

答:该温度是判断焦炭是否成熟的标志,是炼焦过程中重要的控制指标,它的均匀性是考核焦炉结构与加热制度的重要指标。通常生产冶金焦该温度应在1000~1050℃,生产铸造焦应在900~950℃。

7. 热回收焦炉高温废气通过余热锅炉后的温度控制要求?

答:炼焦产生的高温废气,通过集气总管送到发电站的余热锅炉产生蒸汽,蒸汽的压力一般为3.82MPa、温度为450℃。废气通过余热锅炉以后的温度一般控制在140~180℃,其目的,第一是尽可能地回收高温废气的热量,提高资源的利用率;第二是利于废气脱硫除尘的操作;第三是避免锅炉省煤器的低温硫腐蚀。

8. 热回收焦炉各部位吸力的控制原理是什么?

答:焦炉各个部位的吸力制度非常重要,通过调节吸力,控制进入炭化室顶部空间和四联拱燃烧室的空气量,达到控制炭化室顶部空间温度和四联拱燃烧室温度的目的。为了保证焦炉的正常生产和延长焦炉的使用寿命,必须制定合理的吸力制度。正常情况下,焦炉系统的吸力通过余热回收系统的引风机来控制。余热回收系统未建成投产或检修时,通过烟囱产生吸力来控制。

9. 热回收焦炉炭化室顶部吸力的控制要求?

答:炭化室顶部的吸力是整个吸力控制的最重要的环节。为了达到清洁生产和保护环境的目的,炭化室顶部空间为负压。若炭化室顶部空间的吸力过大,将使进入炉顶空间一次空气量增多,改变炭化室顶空间燃烧的状况和还原气氛的情况,造成煤饼表面的燃烧,降低炼焦煤的结焦率,增加焦炭的烧损。若吸力过小,一次空气量进入减少,将降低炭化室炉顶空间炼焦时产生的挥发分燃烧的程度,这样过多没有燃烧的挥发分进入炉底四联拱燃烧室进一步燃烧,造成四联拱燃烧室的温度过高,影响焦炉的使用寿命。

炭化室顶部吸力在一个结焦周期内是变化的,刚装入煤时和炼焦大部分的时间内吸力偏大一些,结焦的末期吸力偏小一些。正常生产时,炭化室顶部吸力为

20~30Pa；装煤时，为了减少从炉门外泄的烟尘，炭化室顶部空间吸力为 30~40Pa；在结焦后期，炭化室顶部空间的吸力在 10~20Pa。炭化室顶部吸力可以通过调节安装在焦炉上升管下部的手动或自动调节装置（一般为调节砖或盖板）来控制。

10. 四联拱燃烧室吸力如何控制？

答：四联拱燃烧室的吸力，一是要克服焦炉主墙下降火道的阻力，二是控制二次进入空气量的过剩系数。其吸力一般控制在 30~40Pa。

11. 机焦侧集气管吸力的控制要求？

答：机焦侧集气管的吸力与焦炉各个系统的阻力和炭化室顶部空间的吸力有关，一般控制在 40~50Pa。可以通过调节安装在机焦侧集气管上的手动和自动调节装置（闸板阀）来控制。

12. 集气总管吸力如何控制？

答：集气总管的吸力，在建有余热发电站时，指的是废气进入余热锅炉时的吸力；在没有建设余热发电站时，指的是废气进入烟囱时的吸力。集气总管的吸力直接影响到焦炉各个部位的吸力大小和分配的合理性。为了保证焦炉炭化室顶部空间吸力和四联拱燃烧室的吸力，制定合理的集气总管吸力是非常重要的。集气总管的吸力要克服整个废气系统的阻力，并保证焦炉炼焦时所需的负压。

集气总管的吸力正常生产时为 300~350Pa，通过调节安装在集气总管进入余热锅炉或烟囱处的手动或自动调节装置来控制。

13. 热回收焦炉空气过剩的控制要求有哪些？

答：空气过剩量的控制非常重要。空气过剩系数过大，会造成炼焦煤的结焦率降低和焦炭的烧损增加；空气过剩系数过低，将影响炼焦产生的挥发分燃烧情况，导致热能的利用率降低。

炭化室顶部空气过剩系数一般控制在 0.7 左右，四联拱燃烧室空气过剩系数一般控制在 1.2~1.3，集气总管空气过剩系数一般控制在 1.3~1.4，烟囱过剩系数一般控制在 1.4~1.5。

14. 热回收焦炉的调火控制点有哪些？

答：焦炉炭化室装入煤饼后，利用炭化室蓄存的热量和相邻两边炭化室炉墙传来的热量，将煤饼进行干燥并产生焦炉煤气。通过煤饼产生的焦炉煤气在焦炉炭化室顶部空间不完全燃烧、在四联拱燃烧室完全燃烧来满足焦炭生产需要的热量。因此，根据产品方案及温度制度、压力制度的要求，调火控制点主要是上升管底座调节砖、炭化室炉顶一次配风孔和四联拱燃烧室二次配风孔。

15. 热回收焦炉的出焦与传统出焦方式有何区别？

答：传统推焦工艺因炭化室与熄焦车存在落差，在推接焦过程中焦饼破裂散落而导致粉尘污染。而热回收焦炉采用平接焦工艺，可将炉内焦饼水平推入接熄焦车厢内，平稳运送到熄焦塔进行熄焦，从而减少了出焦过程中的粉尘污染。此外，由于炽热的焦炭在通往熄焦塔的运行过程中保持了整块状态，极大地减少了焦炭与空气的接触面积，避免了传统工艺在此阶段的化焦现象，给焦化企业带来效益。

16. 为什么热回收焦炉可以生产优质铸造焦？

答：利用热回收焦炉可以生产优质铸造焦，其主要原因如下：

（1）具有大容积、宽炭化室的优点。

（2）以无烟煤为主要煤种进行配煤。

用低煤化度煤炼制的焦炭，反应性高。随着煤化度的加深，所得焦炭的反应性逐渐降低。热回收焦炉可大量使用高煤化度的煤种进行炼焦，配合煤挥发分可降到20%以下，焦炭反应性降低，气孔率小，焦炭表现出高温下的高机械强度；大量配入无烟煤时，增大了配煤中瘦化成分的比例，相对于气、肥、瘦煤，无烟煤半焦收缩慢，焦块裂纹少，块度大。

（3）煤饼捣固时增加水平滑动层。

在热回收焦炉中，可采用分层捣固方式，即在捣固煤饼时，根据产品粒度要求，可设计不同的分层厚度，每隔一定高度铺一层厚纸作为水平滑动层。在焦炭结焦时，处于不同温度下的分层产生不同的收缩膨胀应力，可沿滑动层释放，而不同分层的纵向裂纹也被滑动层切割，增大了焦炭块度和强度。

（4）高密度大煤饼对气相芳香烃的捕获与结合作用。

捣固后煤饼的高密度，可使焦炭气孔分布均匀，使焦炭反应性降低。同时，热回收焦炉中煤结焦过程产生的气态产物沿煤饼上下热侧逸出，大的煤饼加长了逸出的行程，高的堆比密度缩小了煤粒间距，增大了煤粒相互接触的机会，在气相穿过炙热焦炭层时有助于二次分解的进行，以及活性基团发生炭连接反应，增加了焦炭的交联结构，使焦炭冷态和热态强度增加。

17. 热回收焦炉炭化室中煤气的析出路径有哪些特点？

答：热回收焦炉炭化室中，煤热解产生的气体全部通过炽热的焦炭层向上下扩散流动。这种上下扩散方式使气体析出较慢；其煤饼大的特点又使气体穿过路径更长。这两方面因素增大了气相组分与遇到的煤饼热解活性部位化学结合的几率，提高了结焦性能。

18. 热回收焦炉生产过程中污染物产生于哪些部位？

答：热回收焦炉由于其独特的炉体结构与运行特点，在生产过程中，主要在以下部位产生少量的污染物：

（1）焦炉装煤、出焦、接焦时，在机焦侧炉门等处，会产生一定的粉尘。

（2）炼焦过程中，炭化室负压过小和炉门密封不严，导致焦炉本体、炉门等处泄漏，产生烟尘。

（3）熄焦塔产生的熄焦废汽夹带的少量焦尘。

（4）炼焦过程中，燃烧后经过余热回收和脱硫脱尘后经烟囱排放的高温废气。

（5）焦炉生产排放的气相污染物还与焦化厂的规模、焦炉装备水平、设备加工安装质量、炼焦人员的操作管理水平有着很大的关系。

19. 热回收焦炉的工艺流程有哪些优点？

答：热回收焦炉的工艺流程主要有以下优点：

（1）工艺流程短，操作方便。由于副产品完全燃烧，热回收焦炉的生产工艺大大简化，省去了复杂的煤气净化及化产品的回收工序；生产过程控制点少，操作方便，利于实现计算机自动控制调节，从而方便了管理，有利于安全生产。

（2）适合生产大块铸造焦。热回收焦炉炭化室宽度大、容积大，可以配入大比例高变质程度煤，在保证炼焦煤的结焦性能的同时，尽可能减少了炼焦时的收缩裂纹；通过降低炼焦的温度和结焦的速率，减少炼焦煤在结焦过程中产生的热应力，减少焦炭在结焦过程中产生的裂纹，从而能生产出大块焦炭。

（3）污染物排放少，危害轻。清洁型热回收焦炉生产过程中采用负压操作，从根本上解决了回收型炼焦操作中存在的荒煤气无组织逸散问题，废气充分燃烧使煤热解过程中生成的致癌物质苯并芘等有害物质含量明显下降，而且生产中无酚、氰废水排放。

（4）利用余热锅炉回收燃烧后的高温废气能量，生产蒸汽或发电，增加了企业效益，做到了资源的充分利用。

20. 热回收焦炉生产铸造焦有哪些工艺特点？

答：热回收焦炉生产铸造焦的工艺控制有以下特点：

（1）堆积密度应可达到 $1.05t/m^3$ 以上。

（2）挥发分在 $16\% \sim 26\%$ 之间。

（3）可根据块度要求设置水平滑动层，满足任意块度分层要求。

（4）可控的升温速度与足够的结焦时间。

21. 热回收焦炉生产过程中，产生"化焦"的原因是什么？

答：所谓"化焦"，是指在结焦过程中部分煤炭和焦炭的燃烧损失。"化焦"的存在，造成焦炭产量的减少和灰分的增加。

热回收焦炉不同于常规炼焦炉，其结构特点决定了独特的加热调节方式。常规焦炉炼焦时产生的荒煤气要送出炉外，净化后再送回焦炉加热，供焦炉加热的煤气量易于控制，完全可通过调节加热煤气量达到对炉温调控的目的。而热回收焦炉产生的荒煤气是在炉内直接燃烧，产生多少烧多少，煤气发生量随配煤的挥发分、炉温和结焦时间的变化很大。

由于热回收焦炉在整个炼焦过程中，煤气的发生量是动态变化的，故对炉温的调控只能用控制燃烧所需的空气量来实现。

从理论上讲，在炭化室通入的一次空气是根据煤气的发生量进行调节的，只要控制空气量相对于产生的煤气量不过剩，进入炭化室的空气就不会与煤焦燃烧，在煤气量过剩的状况下，不会有"化焦"发生。但是实际操作起来，由于装煤后炉门密封得不严、装煤时推煤饼过程中造成焦侧和机侧煤饼高度不均匀等原因，特别是对结焦后期，煤气量很少的状况下，在局部空间容易出现空气供给控制失调，局部"化焦"可能出现。可通过加强生产管理来减少"化焦"。

22. 热回收焦炉生产过程中，减少"化焦"的措施有哪些？

答：为减少"化焦"，热回收焦炉生产过程应采取以下措施：

（1）严格控制结焦末期空气供给

结焦末期，煤气量产生少，焦炭成熟需要热量，这部分热量可以由炭化室炉墙和炉顶废气层蓄积的热量来提供，而且与此炭化室相邻的炭化室肯定不处于结焦末期，上升火道与下降火道均会有热量传递过来，只要此时炭化室内空气不过量，就可以减少"化焦"的产生。

（2）保证装煤后炉门密封严密

炭化室内是负压操作，一旦存在密封不严部位，就会有空气漏入炭化室。这也是产生"化焦"的主要原因。炉门是在生产过程中要定时开启的部位，所以每次装煤后，要认真检查炉门的严密性，严防空气漏入。

（3）保证装煤时煤饼的平整

事实上，如果炭化室内煤饼能够同时成焦，则"化焦"会很轻。目前，生产企业"化焦"较多的另一个原因，是在装煤过程中推煤饼时造成焦侧和机侧煤饼厚度不均匀，局部产生挤压和堆积，煤饼薄处先成焦，因等待未成焦部分成熟而造成"化焦"。

（4）采取保护措施

1）改进与完善目前的捣固、装煤与负压调节的操作规程，避免进入焦炉的煤饼厚度与密度不均匀，避免炭化室内局部空气过量；

2）在已经捣固好的煤饼上部铺设一层保护层，可以用水捞渣或其他惰性物质；

3）及时对托煤板进行维护保养，保证表面光洁度，减少煤饼变形。

23. 热回收焦炉的炉温调节原理是什么？

答：热回收焦炉的炉温调节不同于常规焦炉，其结构特点决定了独特的加热调节方式。常规焦炉炼焦时产生的荒煤气要送出炉外，净化后再回炉加热，通过调节煤气和空气的流量来进行炉温的控制。而热回收焦炉产生的荒煤气是在炉内直接燃烧，产生多少烧多少，煤气发生量随配煤的挥发分、炉温、结焦时间的变化很大。由于煤气发生量在整个炼焦过程中是动态变化的，因此对炉温的调节只能用控制一次二次进风门开度、上升管调节砖开度、集气管闸门开度和总烟道吸力来控制空气量。使用余热锅炉时，可以通过引风机变频调速来调节总吸力。

24. 立式热回收焦炉有哪些特点？

答：立式热回收焦炉主要有以下特点：

（1）负压操作，不易化焦。

（2）污染物排放很少。

（3）焦炉炉体使用寿命较长。

（4）焦炉的温度、压力易于控制。

（5）吨焦消耗建设材料少、占地少、投资少。

25. 热回收焦炉为什么有利于焦炉实现清洁生产？

答：热回收焦炉采用焦炉炭化室负压操作，从根本上消除了炼焦过程中烟尘的外泄，与传统的大机焦操作相比，杜绝了焦炉跑烟冒火现象；炼焦炉采用水平接焦，最大限度地减少了推焦过程中焦炭塌落产生的粉尘；无化产回收，不产生废液、废气、废渣和含酚废水；熄焦水闭路循环使用，杜绝了废水外排；与传统的大机焦相比，彻底改善了焦化厂所在区域的大气环境与水质；炼焦工艺的整体设计与环保措施相结合，进一步实现了焦炉的清洁生产。

26. 热回收焦炉如何提高余热回收率？

答：提高热回收焦炉余热回收率的措施如下：

（1）加强炉顶、四联拱封墙、炉底、炉门、集气管等部位的隔热保温。

（2）余热锅炉的布置，尽量靠近焦炉炉体，减少集气管散热。

（3）在余热锅炉后增设换热装置，生产低压蒸汽和热水。

（4）回收焦炉炉底散热，生产低压蒸汽和热水。

（5）提高余热锅炉换热效率。

27. 焦炭的气孔是怎样形成的？

答：煤在炼焦过程中软化分解，产生胶质体。胶质体有一定的黏度，把热分解产生的气体包在里面，随着热分解过程的进行，胶质体内的气体不断产生。当气体的压力达到一定程度时，一部分气体冲破胶质体逸出，没有逸出的气体留在胶质体内部，在表面上和内部便留下一个个空隙。一旦胶质体固化，这些空隙便成为气孔。

28. 影响焦炭气孔率的因素有哪些？

答：影响焦炭气孔率的因素有：

（1）胶质体多且流动性好时，胶质体内的气体不易透过，气孔率大。

（2）在胶质状态下，如果从胶质体内析出的气体越多，则气孔率就越大。

（3）胶质层厚度越小，气体越容易透过，不容易停留在胶质体内，气孔率就越小。

（4）入炉煤堆密度大，气孔率小。

29. 影响焦炭质量的因素有哪些？

答：影响焦炭质量的因素主要有以下几个方面：

A　影响焦炭质量煤的因素

（1）配合煤煤化程度

代表煤化程度的参数指标有挥发分 V_{daf} 和镜煤平均最大反射率 R_{max}。两者之间存在明显线性相关关系，其关系式为：$R_{max} = 2.35 \sim 0.041 V_{daf}$。挥发分容易测定，且可按加成性计算，因此只需对挥发分重点分析。挥发分对焦炭质量的主要影响是：

1）挥发分过高，收缩度大，易造成焦炭平均粒度呈条状减小，抗碎强度降低，焦炭气孔壁薄，气孔率增大。

2）挥发分偏低，收缩度小，易造成炉墙压力增大，还可能造成推焦难，损坏焦炉设备。

因此，在配煤中挥发分应作为重要参数调控。挥发分 V_{daf} 一般控制在 24%~30%范围内较为适宜。

（2）配合煤黏结性参数

表征配合煤黏结性的指标主要有膨胀度 b、流动度和胶质层厚度 Y 等。膨胀度、流动度表征了煤质中活性物的含量和性质，其量值大小对焦炭密度和强度存在影响。因其测定较复杂，不将其作为主要参数控制。但一般配合煤应控制膨胀度 b 不小于 50%。

胶质层厚度 Y 较直观地表征了配合煤中胶质体的含量。要炼制好的焦炭，首先需要有足够量的胶质体来充分浸润、黏结煤中固化物质。但胶质体过量，会影响结焦过程中挥发物的溢出，而影响焦炭质量。因此，在配煤时应合理控制 Y 值。但因 Y 值只反映胶质体的含量而不反映其性质，相同 Y 值的不同配煤会形成不同强度的焦炭，因此应将 Y 值作为配煤中的重要参数而不作为预测强度的主要参数。实验证明，Y 值对于配合煤具有可加成性。这样只要在保证适当 Y 值（热回收焦炉生产配煤一般为 12~16mm）的基础上合理调整配煤方案，即可有效控制焦炭密度和强度。

（3）配合煤结焦性参数

黏结指数 G 表征了煤的黏结能力，同时又反映了煤的结焦性能，要炼制高强度的焦炭必须有足够的 G 值，而过高的 G 值又会造成焦炭变脆，强度降低。因此，在配煤中应将 G 值作为重要参数加以控制，热回收焦炉生产配煤一般控制 G=45~60 较为适宜。根据煤的黏结指数，可以大致确定该煤的主要用途，一般地讲，结焦性好的煤，黏结性也好。

（4）活性物、惰性物组分

从煤岩学理论发展起来的煤岩配煤技术，更清楚直观地将配合煤分为活性组分 TR 和惰性组分 TI，通过寻找最佳强度时的活、惰比，达到预测配煤的目的。这一技术对研制高密度铸造焦是一个很好的启示。不仅应合理控制活、惰性组分的含量，还应控制其组分性质。惰性物对焦炭真密度、强度、块度等有很大影响，因此配煤时不仅应控制其含量，还应控制其性质，使惰性物具有较高的真密度、强度和附着黏结物的能力。可以通过添加延迟粉、焦粉等惰性物的方法进行调节。活性物对焦炭密度、气孔、强度等影响较大，可以通过添加沥青、重油等活性物的方法调节其性质。

B 影响焦炭质量的工艺因素

(1) 装炉煤堆密度

入炉煤堆密度是影响焦炭气孔率的显见因素。提高入炉煤堆密度，可明显减少焦炭气孔，提高成焦率。对捣固焦而言，捣实后煤饼堆密度可由 0.7 提高到 0.9~1.15t/m³。

(2) 入炉煤水分

入炉煤水分对焦炭强度、气孔率都有影响：一是影响入炉煤堆密度，水分增大，堆密度减小；二是影响焦炉温度，水分高不仅影响炭化室焦炭成熟时间，更重要的是由于其蒸发大量吸热的过程，造成相邻炭化室炉温波动，影响其焦炭的收缩和成焦，造成视密度降低和气孔率增大。入炉煤水分一般控制在 8%~12% 较为适宜。

(3) 入炉煤的粒度

要炼制高密度焦炭，应考虑配合煤原料的不同性质，对其粒度区别控制。对于添加的惰性物，如延迟粉、焦粉等，细度应严格控制，以利于其被活性物浸润、吸附和黏结。对于难粉碎的硬煤如无烟煤、瘦煤、气煤等，细度应控制在 3mm 以下。而对于黏结性、流动性好的原料如肥煤、沥青等，细度控制可相对宽松，以利于其流动性、黏结性的发挥。采用选择性破碎技术，对于改善焦炭致密性有着重要作用。

(4) 干馏温度管理

干馏温度直接影响焦炭的成焦过程。炉温高低、波动直接影响焦炭块度和气孔率。特别是在半焦收缩阶段，如果炉温向下波动，对焦炭缩聚和最终热分解会产生影响，直接影响焦炭气孔率。因此对于干馏过程，一是要确定合适的标准温度，满足成焦需要；二是加热温度应均匀平稳，使煤质成焦过程均匀，稳定。

(5) 延时出焦炼制高密度焦炭

当焦饼经干馏成熟后，应让焦炭在炉内再停留一段时间，使结焦后期的热分解与热缩聚程度提高，既可降低焦炭挥发分，又可提高焦炭气孔壁的致密性。我国炼焦业常采用此方法。用延时出焦方法生产的焦炭可以提高假密度，降低气孔率，提高焦炭的热态物理性能。

30. 降低炼焦耗热量提高焦炉热工效率的途径有哪些？

答：降低炼焦耗热量提高焦炉热工效率的途径主要有以下几点：

(1) 在保证焦炭质量的前提下，合理控制焦饼中心温度；

(2) 降低配合煤水分，减少加热水分和由水分蒸发带走的热量；

(3) 选择合适的空气过剩系数，使煤气合理燃烧；

（4）做好炉体保温，改善炉体的绝热性，提高炉体各部位和设备的严密性；

（5）控制稳定的加热制度，缩短炭化室出炉的操作时间；

（6）提高余热回收锅炉的效率。

31. 推焦串序确定的原则有哪些？

答：推焦串序确定的原则主要有以下几点：

（1）各炭化室结焦时间一致，保证焦饼按时成熟；

（2）推焦炭化室两侧炭化室中的焦饼应处于结焦中期；

（3）空炉或新装煤的炭化室的两侧炭化室严禁推焦；

（4）新装煤的炭化室应均匀分布，使集气管的温度、焦炉纵向的温度和炭化室的压力分布均匀；

（5）机械行程尽可能短，以节省时间和电力。

第4章 焦炉设备与维护

1. 热回收焦炉配煤用主要设备有哪些?

答：热回收焦炉配煤用主要设备有：

（1）粉碎类设备：主要是用可逆锤式破碎机（单转子反击式破碎机、双转子反击式破碎机等），个别企业还配有颚式破碎机等；

（2）计量类设备：皮带秤、车载电子秤等；

（3）输送类设备：皮带输送机、螺旋输送机等；

（4）装卸类设备：装载机、翻斗车等。

2. 热回收焦炉炼焦用主要设备有哪些?

答：热回收焦炉炼焦用主要设备有：

（1）炼焦设备：QRD系列清洁型热回收捣固焦炉；

（2）推焦装煤设备：推焦装煤车、捣固站（也有的设计为装煤车车载捣固机，与装煤车一体）；

（3）熄焦设备：熄焦车、熄焦塔、熄焦泵、晾焦台等。

3. 热回收焦炉焦炭筛分用主要设备有哪些?

答：热回收焦炉配套焦炭筛分用主要设备有：

（1）运输设备：皮带输送机、翻斗车、装载机等；

（2）筛分设备：振动筛、滚筒筛、溜筛等。

4. 热回收焦炉余热发电用主要设备有哪些?

答：热回收焦炉配套余热发电用主要设备有：

（1）化水系统：供水设备（原水泵、原水箱），水净化设备（多介质过滤器、反渗透装置、阴阳离子交换床、加药装置、超滤装置、除碳装置等）；

（2）热力系统：锅炉给水设备（锅炉给水泵、除氧器等），余热锅炉，锅炉引风机等；

（3）发电系统：汽轮机发电机组（根据生产需求和设计工艺不同，又分为凝汽式、供热式、背压式、抽汽式和饱和蒸汽汽轮机）、馈电柜等。

5. 热回收焦炉环保用主要设备有哪些？

答：热回收焦炉配套环保用主要设备有：

（1）焦炉烟尘处理系统：推焦除尘装置、装煤除尘装置、地面除尘站等。

（2）锅炉尾气处理系统：脱硫装置（脱硫泵、脱硫塔、离心机等），除尘装置（水幕除尘器、布袋除尘器、湿电除尘器、除尘风机等），脱硝装置等。

（3）生产废水处理系统：化学处理系统、生化处理系统等。

（4）生产固废处理系统等。

6. 可逆锤式破碎机的易损件是什么？

答：在锤式破碎机的所有部件中，按照易损件使用寿命，依次排序如下：

（1）锤头是最容易磨损的部件，需要较频繁地进行更换。

（2）锤柄上的销套，每次更换锤头时都需要检查，部分更换。

（3）反击板。

（4）锤销、锤柄。

7. 如何延长可逆锤式破碎机锤头的使用寿命？

答：延长锤头使用寿命最常用的方法有以下几种：

（1）选择合适的板锤材质。板锤的材质是决定锤头的耐磨性与使用寿命的关键因素。应用比较广泛的有锻造高锰钢、高铬铸钢、中碳多元合金钢锤头等。

（2）准确调整锤头与反击板的间隙。锤头与反击板的间隙对破碎细度有关键性的影响，根据锤头使用时间和破碎细度的变化，适时调整间隙，可延长锤头的使用寿命。

（3）可对正常磨损无其他缺陷的锤头进行局部堆焊耐磨层，延长锤头的寿命。

（4）定时对破碎腔内部的积料进行清理。这是因为积料会影响间隙的调整精度，同时对破碎机的锤头还会造成严重磨损，从而降低锤头的使用寿命。

（5）更换锤头时要进行称量，并按照称量结果合理布局安装锤头。避免因为锤头安装问题导致转子不平衡而引起振动。

8. 更换锤式破碎机锤头时必须要做的工作是什么？

答：更换锤式破碎机锤头时必须要做的工作有以下内容：

（1）锤头称重、编号。

（2）根据锤头实际重量，进行合理布局。

（3）清理破碎腔、检查反击板，必要时更换反击板。

（4）检查锤柄、锤销、销套（销套原则上须更换）。

（5）检查、保养轴承，更换润滑脂。

（6）检查主轴同心度、磨损情况并做好记录。

9. 可逆反击锤式破碎机各级检修的内容都有哪些？

答：可逆反击锤式破碎机各级检修的内容如下：

（1）小修

1）检查锤头、锤柄的磨损、脱落情况；

2）检查各联接紧固件的复位情况；

3）检查润滑管路及润滑油情况；

4）检查清洗转子轴承及磨损情况；

5）检查液力耦合器的泄漏及壳体螺栓紧固情况；

6）检查转子轴承振幅：径向 ≤ 0.15mm，倾斜方向 ≤ 0.20mm，轴向 ≤ 0.10mm。

（2）中修

1）包括小修的各项检查内容；

2）检查更换电机轴承、转子轴承的润滑油脂；

3）检查各锤头、锤柄和联接销的磨损情况；

4）检查反击板的磨损情况，调整锤头与反击板之间的间隙；

5）更换磨损严重的锤头（注意：更换锤头时新旧锤头的重量差不允许大于 ±0.1kg）；

6）检查或更换各侧门密封垫片；

7）检查或更换转子轴隔板；

8）检查壳体外观防腐情况，必要时进行防腐。

（3）大修

1）包括中修各项内容；

2）全机解体清洗、检查更换或修复易损件；

3）检查主轴的弯曲、磨损情况，确定修复或更换；

4）检查调整机体水平度，纵向允许误差 0.05‰以内，横向 0.10‰以内；

5）检查或更换和校正液力耦合器与电机水平度，电机联轴器与液力耦合器胶圈的轴向间隙为 3~4mm，径向误差允许值为 0.08~0.10mm；

6）检修机座、机罩及钢结构。

10. 可逆反击锤式破碎机安装及检修质量标准有哪些？

答：可逆反击锤式破碎机安装及检修质量标准如下：

（1）机体

1）机体与机座校正：机座纵向和横向水平不大于 1mm/m；

2）机身下部侧门之间相互吻合，可用石棉或橡胶填料加工以密封；

3）机体上下装配时应相互吻合，用石棉垫片加工以密封；

4）机体内磨板应为锐角，不得有裂纹现象；

5）机体两轴孔应在同一个中心线上，其同轴度不大于 0.05mm。

（2）转子部分

1）主轴不得有裂纹、沟痕等缺陷，材质应符合设计规定并应经调质处理；

2）主轴直线度最大不超过 0.1mm；

3）锤头安装孔内应光洁无毛刺、无裂纹；

4）锤头重差不得超过 0.1kg；

5）锤头安装到轴上后垂直于下部，测量其长度误差不得超过 ±3mm；

6）锤头安装后转动灵活。

（3）反击板及调整机构

1）反击板外观应光洁，尺寸标准，无铸造缺陷；

2）手摇装置应灵活好用。

（4）滚动轴承

1）滚动轴承应根据使用寿命按周期进行更换（一般运行 5000 台·时）；

2）轴承在安装前应进行详细检查：滚子与滚道应无伤痕、无斑点，接触平滑，转动无杂音、几何尺寸应符合标准；

3）滚动轴承热装时，严禁采用直接火焰加热，可用 100℃ 左右油浴轴承 10~15min 后进行组装；

4）轴与轴承内圈一般采用 H7/js6 或 H7/k6 配合，轴承外圈与轴承座一般采用 K7 或 J7 配合。

11. 可逆反击锤式破碎机试车与验收应注意哪些问题？

答：可逆反击锤式破碎机试车与验收应注意以下问题：

（1）试车前清理打扫施工现场，检查各固件是否可靠。

（2）检查各轴承、液力耦合器是否加油。

（3）检查各防护罩是否齐全。

（4）手动盘车 2~3 周，检查转动灵活情况。

（5）检查各控制开关、仪表是否灵敏可靠。

（6）经检查确认各部分正常后，准备空载试车。

（7）空载试车 4 小时并进行如下检查：

1）启动时检查启动电流是否在规定范围内；

2) 启动后倾听各部分的声音是否正常；

3) 检查转子的振动情况，符合规定要求；

4) 检查转子轴承温度不超过 70℃。

12. 可逆反击锤式破碎机日常维护内容有哪些？

答：可逆反击锤式破碎机日常维护主要有以下内容：

（1）按时检查各紧固件有否松动，转动部位有无杂声。

（2）及时清理加料吸铁装置内的杂物。

（3）按润滑规定加油，注意轴承部位温度变化。

（4）停车后再次开车前，应先手动盘车，检查有无异常。

（5）做好设备的清洁工作，保持机体整洁，无油污。

13. 可逆反击锤式破碎机常见故障及原因分析和处理方法有哪些？

答：可逆反击锤式破碎机常见故障及原因分析和处理方法见表4-1。

表 4-1　可逆反击锤式破碎机常见故障及原因分析和处理方法

序号	故障现象	故 障 原 因	处 理 方 法
1	振动增加	主轴弯曲	校直或更换轴
		轴承损坏	更换轴承
		有杂物掉入机内	检查进料除铁器，打开检查门，查看机内情况，并排除杂物
		锤头安装布局不合理或锤头、锤柄动作不灵活造成转子平衡不良	重新对锤头进行称重，合理布局安装；检查锤销、销套，必要时更换
		锤头或锤柄损坏使转子不平衡	更换锤头或锤柄
2	机内产生敲击声	掉入不能破碎的金属物	立即停车清理
		反击板松动与锤子碰击	紧固反击板螺柱
3	联轴器部位有异响	弹性垫（梅花垫）损坏	停车并更换弹性垫
4	轴承过热	润滑油不足	加注润滑油
		润滑油变质	停车清洗、更换新油
		轴承或轴瓦受损	更换新轴承，维修或更换轴瓦
5	出料粒度大	锤头或反击板磨损过大	停车更换锤头或反击板
		锤头与反击板间隙过大	通过手摇装置重新调整间隙
		给料不均	检查、调整给料皮带，保证给料均匀

14. 简述配料皮带秤分类及工作原理。

答：皮带秤分类及工作原理如下：

（1）常用皮带秤主要有机械式（常见的为滚轮皮带秤）和电子式两大类。

（2）滚轮皮带秤。由重力传递系统、滚轮、计数器和速度盘组成。速度盘转速正比于皮带速度。滚轮滚动的角速度正比于皮带上通过的物料量。滚轮在速度盘上滚动的位置由物料的重力大小来调整。当皮带上没有物料时，滚轮靠近速度盘中心，转速为零，计数器不累计；当皮带上有物料时，滚轮随着重力变大向周边移动，并带动计数器记下皮带上通过的物料总量。

（3）电子皮带秤。由钢制机械秤架、测速传感器、高精度测重传感器、电子皮带秤控制显示仪表等组成，能对固体物料进行连续动态计量。称重时，承重装置将皮带上物料的重力传递到称重传感器上，称重传感器即输出正比于物料重力的电压（mV）信号，经放大器放大后送"模/数转换器"变成数字量 A，送到运算器；物料速度输入速度传感器后，速度传感器即输出脉冲数 B，也送到运算器；运算器对 A、B 进行运算后，即得到这一测量周期的物料量。对每一测量周期进行累计，即可得到皮带上连续通过的物料总量。

15. 配料皮带秤安装有什么要求？

答：配料皮带秤的安装主要有以下要求：

（1）皮带秤在安装时要求不得与主皮带发生任何关系。

（2）在安装时皮带秤应采用独立的安装支架或平台，安装支架或平台必须稳固及保持水平。

（3）皮带秤安装时应保证横向水平和纵向水平。

（4）皮带秤电机必须与皮带秤主体安装在同一平台上，严禁驱动电机采用独立安装支架，安装时应确保驱动电机与皮带秤主动滚筒传动轴保持良好的同轴度。

（5）当皮带秤采用蜗轮蜗杆减速机时，在安装时要求蜗杆水平安装，且在上端。

16. 配料皮带秤称重传感器安装位置有什么要求？

答：主配料皮带秤称重传感器安装位置主要有以下要求：

（1）应安装在输料机直线段。

（2）安装处为输料机的皮带张力和张力变化最小的部位，最好安装在靠近皮带秤尾部的地点。当将传感器安装在尾部时应距离装料点（皮带秤卸料点）不小于 5m，同时距离点料板（皮带秤接料点）不得小于 3 个拖辊间距。

（3）当传感器必须安装在凹形皮带附近时，则应保证秤安装在输送机直线段，并确保整个装料处的前后至少有四个拖辊与皮带紧密接触。

（4）当传感器必须安装在凸弧形曲线附近时，应确保装料点和秤之间的皮带在垂直方向不应有弧形，弧形段必须在称量段拖辊之外 6m 或是 5 倍托辊间距的地方。

（5）当安装皮带秤的输料皮带上有移动卸料器时，应遵守（3）的要求，同时确保皮带运行时其中心线和秤体中心线重合。

17. 配料皮带秤传感器安装有什么要求？

答：配料皮带秤传感器安装有以下要求：

（1）计量采用两个传感器时，两个传感器承载点要求在同一水平面上；两个传感器承载点连线要求与滚筒轴线平行。

（2）采用单个传感器以悬挂方式进行计量时，要求该传感器处于秤体中心线上并垂直安装。

（3）计量采用两个以上传感器时，除满足上述两条的相关要求外，还要满足所有计量传感器承载点处于同一平面，同时该平面与秤体输料平面平行。

（4）计量传感器量程总和应大于皮带秤输料最大流量下计量段物料总重量的 120%。同时使用多支传感器时，各传感器量程应相同，性能指标须一致。

（5）计量用传感器为径向承载型（如拉式、压式、柱式、轮辐式、桥式等）时，安装后和使用中应保证传感器纵向轴心和水平面呈垂直状态，同时仅承受计量皮带秤垂直载荷。

（6）计量用传感器为剪切承载型（如悬臂梁式、箱式等）时，安装后和使用中应保证传感器承载面和水平面平行无倾斜现象，同时仅承受计量皮带秤垂直载荷。

（7）传感器在安装时应采用高强螺栓，确保安装牢固无蠕动。

18. 配料皮带秤称重托辊安装有什么要求？

答：配料皮带秤称重托辊安装有以下要求：

（1）计量托辊应处于计量段进出托辊的中间，轴向中心线和以上两托辊中心线均平行于传动滚筒轴向中心线。

（2）计量托辊应平行于进出计量段的两个托辊，同时径向中心与皮带秤中心线重合。

（3）计量托辊安装时应高出进出托辊 2mm，高出输送机其他托辊 6mm。

（4）计量托辊应安装牢固无倾斜，无轴向和径向的窜动和振动。

19. 配料皮带秤测速器件安装有什么要求？

答：配料皮带秤测速器件安装有以下要求：

（1）应安装在从动滚筒上，严禁安装在主动滚筒上；

（2）安装时应进行必要的防磕、防砸措施，且便于检查、拆卸维修；

（3）安装时必须保证编码器和安装滚筒输出轴的同轴度；

（4）编码器和被测滚筒输出轴采用柔性连接，并保证同步灵活旋转；

（5）安装时应考虑到皮带张紧对联接同轴度的影响，安装架应方便调整，或做成同步移动型安装架。

20. 使用皮带输送机应重点注意哪些问题？

答：使用皮带输送机应重点注意以下问题：

（1）移动式输送机正式运行前，应将轮子固定，以免工作中发生移动；

（2）输送机使用前须检查各运转部分、胶带搭扣和承载装置是否正常，防护设施是否齐全；

（3）皮带输送机应空载启动，等运转正常后方可入料，禁止先入料后开车；

（4）有数台输送机串联运行时，应从卸料端开始，顺序启动，待全部正常运转后，方可入料；

（5）停车前必须先停止入料，等皮带上存料卸尽方可停车；

（6）出现皮带跑偏现象时应及时调整，不得勉强使用，以免磨损皮带边缘和增加负荷；

（7）运行中皮带托辊出现运转不灵应及时检修或更换，以免磨损皮带底面和增加负荷；

（8）皮带清扫器出现故障应及时检修处理，以免残留物料磨损皮带工作面及增加负荷；

（9）若发现有大块物料或异物卡到机架上要及时清理，以免磨损皮带边缘和增加负荷；

（10）带有配重自动张紧装置的皮带，要确保配重两侧滑道上下灵活无卡滞，配重下方有足够活动空间，以免因张力不均引起皮带跑偏。

21. 皮带输送机安装试车应注意哪些问题？

答：皮带输送机安装试车应注意以下问题：

（1）安装前准备工作：安装前测量预埋螺栓的间距，用水准仪测量各安装基础的标高，并标出头架中心线及尾架中心线，再用经纬仪找出皮带安装基准线。

（2）安装工艺流程：基础验收→皮带机支腿及中间架安装→配重装置安装→头架、尾架及驱动装置架安装→滚筒及托辊安装→驱动机组安装→皮带安装、粘接→加油、调试。

（3）安装工艺

1）皮带机支腿及中间架：在安装前用经纬仪找好中心线，再根据中心线位置引出各支腿的桩点位置。如有预埋铁，应根据预埋铁的位置进行适当的调整以便于安装，各支腿应与埋件焊接牢固。

2）配重装置：安装配重装置时应保证两立柱间的平行度，同时应保证其垂直度。配重装置装好后，考虑到安全性，应立即安装防护栏杆。

3）头架、尾架及驱动装置架：首先校验安装基础的标高，找好中心线，并注意头、尾架的轴线偏差不大于±1.5mm。安装时还应注意垫铁的设置，应根据规范要求，将垫铁设于主要承重位置，每个连接螺栓两旁应放置一对垫铁。斜垫铁要成对设置，垫铁的数量不超过5块。放置垫铁时，要把较薄的垫铁放在较厚的中间，调整结束后还应将垫铁焊牢，螺栓收紧。

4）滚筒及托辊：滚筒及托辊安装时应检查其轴承部位转动情况，如有转动不灵活的，应及时修理或调换。传动滚筒及改向滚筒在调试时还需要调整位置，其螺栓的拧紧力矩为终拧力矩的75%~80%。

5）驱动机组安装：驱动机组安装应符合《机械设备安装工程施工及验收通用规范》（GB 50231—98）及相关国家规范的要求。其机组中心线偏差为0.02mm，联轴器的径向误差为0.05mm，端面跳动值为0.02mm，半联轴器间的间隙为3~5mm。还应保证机组的水平度和垫铁的使用符合规范要求（电动滚筒驱动可省略）。

6）皮带安装、粘接：利用卷扬机或专用装置配合安装输送皮带（各单位操作方式不同），皮带安装前一定要确认工作面及接头方向（为合理调配作业时间，一般在皮带安装前就处理好皮带接头）。皮带就位后，要用手拉葫芦拉紧接头部位进行定位。皮带拉紧前，一定要保证张紧装置（含配重滚筒）处于初始位置，拉紧时应注意使皮带断面长度方向上的受力均匀。在采用导链牵引时，两侧的受力尽可能相等，拉紧后要确保皮带接头两端中心线重合（至少重合皮带宽度的5倍且不小于5m），以免皮带粘接后张力不均引起跑偏。皮带拉紧就位后，按照硫化粘接规程对皮带进行粘接。

7）加油、调试：加油时做加油记录，根据减速器型号添加合适的机械油或齿轮油，加油数量为到指示位置即可；皮带机各轴承座位置添加黄油（锂基润滑脂）。调试时，应在皮带机头、尾及中间位置分别设置监测人员。监测人员要注意皮带机运转是否正常，若遇故障或严重跑偏应立即停止运转。试运转时应先采取点动，当点动正常时，再连动调试（变频控制试车时，变频器频率建议不高于

15Hz)。皮带机发生跑偏时，工作人员应根据经验对相关的部位进行调节，在多次调节后保证皮带机的运转正常。调试时检查电机、减速机及各轴承位置的温度情况，用听棒检查减速机的噪声并做好调试记录。

22. 皮带输送机安装质量控制标准主要有哪些？

答：皮带输送机安装质量控制标准主要有以下内容：

（1）皮带机纵向中心线与基础实际轴线之间的距离允许偏差为±20mm。

（2）组装头架、尾架、中间架及其支腿等机架应符合下列要求：

1）机架中心线与输送机纵向中心线应重合，其偏差不应大于3mm；

2）机架中心线的直线度偏差在任意25m长度内不应大于5mm；

3）在垂直于机架纵向中心线的平面内，机架横截面两对角线长度之差，不应大于两对角线长度平均值的3/1000；

4）机架支腿对建筑物地面的垂直度偏差不应大于2/1000；

5）中间架的间距，其允许偏差为±1.5mm，高低差不应大于间距的2/1000；

6）机架接头处的左、右偏移偏差和高低均不应大于1mm。

（3）组装传动滚筒、改向滚筒和拉紧滚筒应符合下列要求：

1）滚筒横向中心与输送机纵向中心线应重合，其偏差不应大于2mm；

2）滚筒轴线与输送机纵向中心线的垂直度偏差不应大于2/1000；

3）滚筒轴线的水平度偏差不应大于1/1000；

4）对于双驱动滚筒，两滚筒轴线的平行度偏差不应大于0.4mm。

（4）组装托辊应符合下列要求：

1）托辊横向中心线与输送机纵向中心线应重合，其偏差不应大于3mm；

2）对于非用于调心或过渡的托辊辊子，其上表面母线应位于同一平面（水平面或倾斜面）上或同一半径的弧面上，且相邻三组托辊辊子上表面母线的相对标高差不应大于2mm。

（5）制动器安装要求：

1）块式制动器在松闸状态下，闸瓦不得接触制动轮工作面；在额定制动力矩下，闸瓦与制动轮工作面的贴合面积为：压制成型的，每块不应小于设计面积的50%，普通石棉的，每块不应小于设计面积的70%；

2）盘式制动器在松闸状态下，闸瓦与制动盘的间隙宜为1mm。制动时，闸瓦与制动盘工作的接触面积不应小于制动面积的80%。

（6）输送带后置拉紧装置，应按拉紧装置的形式、输送带带芯材料、带长和启制动要求确定，并应符合下列要求：

1）垂直框架式或水平车式拉紧装置：往前松动行程应为全程的20%～40%，其中，尼龙芯带、帆布芯带或输送机长度大于200m的，以及电动机直接启动和有制动要求的，松动行程应取小值；

　　2）绞车或螺旋拉紧装置：往前松动行程不应小于100mm。

　　（7）绞车式拉紧装置装配后，其拉紧钢丝绳与滑轮绳槽的中心线及卷筒轴线的垂直线的偏斜偏差均应小于1/10。

　　（8）刮板清扫器的刮板和回转清扫器的刷子，在滚筒轴线方向与输送带的接触长度不应小于带宽的85%。

　　（9）带式逆止装置的工作包角不应小于70°，滚柱逆止器的逆转角不应大于30°，安装后减速器应运转灵活。

　　（10）输送带的连接方法应符合设备技术文件或输送带制造厂家的规定；输送带连接后应平直，其直线度允许偏差：带宽>500mm，且带长>20m允许偏差为25mm，检测长度为7m；带宽≤500mm，且带长≤20m，允许偏差为25mm，检测长度为5m。

　　（11）皮带机空负荷试运转应符合下列要求：

　　1）当皮带接头强度达到要求后，方可进行空负荷试运转；

　　2）拉紧装置调整应灵活，皮带机启动和运行时，滚筒均不应打滑；

　　3）输送带运行时，其边缘与托辊侧辊子端缘的距离应大于30mm。

　　（12）负荷试运转应符合下列要求：

　　1）整机运行应平稳，无不转动的辊子；

　　2）清扫器清扫效果应良好，刮板式清扫器的刮板与输送带接触应均匀，并不应发生异常振动；

　　3）卸料装置不应产生颤抖和撒料现象。

23. 皮带输送机常见故障及解决方法有哪些？

　　答：皮带输送机运行时皮带跑偏是最常见的故障。解决这类故障的重点是要注意安装的尺寸精度与日常的维护保养。跑偏的原因有多种，需根据不同的原因区别处理：

　　（1）调整承载托辊组。皮带在整个输送机的中部跑偏时，可调整托辊组的位置来纠正跑偏；在制造时，托辊组的两侧安装孔都加工成长孔，以便进行调整。具体方法是：皮带偏向哪一侧，托辊组的那一侧朝皮带前进方向前移，或另外一侧后移。皮带向上方跑偏，则托辊组的下位处应当向左移动，托辊组的上位处向右移动。

　　（2）安装调心托辊组。调心托辊组有多种类型，如中间转轴式、四连杆式、立辊式等，其原理是采用阻挡或托辊在水平面内转动，阻挡或产生横向推力使皮带自动向心，达到调整皮带跑偏的目的。一般在皮带输送机总长度较短时或皮带线双向运行时，采用此方法比较合理，原因是较短皮带输送机更容易跑偏并且不容易调整。而长皮带输送机最好不采用此方法，因为调心托辊组的使用会对皮带的使用寿命产生一定的影响。

（3）调整驱动滚筒与改向滚筒位置。驱动滚筒与改向滚筒的调整是皮带跑偏调整的重要环节。因为一条皮带输送机至少有 2~5 个滚筒，所有滚筒的安装位置必须垂直于皮带输送机长度方向的中心线，若偏斜过大，必然发生跑偏。其调整方法与调整托辊组类似。对于头部滚筒如皮带向滚筒的右侧跑偏，则右侧的轴承座应当向前移动，输送机的皮带向滚筒的左侧跑偏，则左侧的轴承座应当向前移动，相对应的也可将左侧轴承座后移或右侧轴承座后移。尾部滚筒的调整方法与头部滚筒刚好相反。经过反复调整，直到皮带调到较理想的位置，在调整驱动或改向滚筒前最好准确安装其位置。

（4）张紧装置处的调整。皮带张紧处的调整是皮带输送机跑偏调整的一个非常重要的环节。重锤张紧处上部的两个改向滚筒，除应垂直于皮带长度方向以外，还应垂直于重力垂线，即保证其轴中心线水平。使用螺旋张紧或液压油缸张紧时，张紧滚筒的两个轴承座应当同时平移，以保证滚筒轴线与皮带纵向方向垂直。具体的皮带跑偏的调整方法与滚筒处的调整类似。

（5）双向运行的皮带输送机皮带跑偏的调整比单向皮带线跑偏的调整相对要困难许多，在具体调整时应先调整某一个方向，然后调整另外一个方向。调整时要仔细观察皮带运动方向与跑偏趋势的关系，逐个进行调整。重点应放在驱动滚筒和改向滚筒的调整上，其次是托辊的调整与物料的落料点的调整。

24. 皮带输送机日常巡检维护主要有哪些内容？

答：皮带输送机日常巡检维护主要内容如下：

（1）检查所有紧固件并确认是否松动，如有松动及时处理；

（2）清洁皮带并确认皮带完好，如发现皮带破损应及时修补处理；

（3）检查电机减速箱内的润滑油并确保油质、油位正常；

（4）检查皮带张紧度并调整至合规；

（5）检查皮带托辊磨损情况及转动情况，确保托辊完好、转动灵活；

（6）检查皮带清扫器与皮带接触情况是否符合要求，确保清扫有效；

（7）检查机架及托辊附近有无异物，若发现有大块物料或异物卡滞要及时清理；

（8）带有配重自动张紧装置的皮带，要确保配重两侧滑道上下灵活无卡滞。

25. 装载机日常使用维护应注意哪些问题？

答：装载机日常使用维护应注意以下问题：

（1）开机前点检传动、制动、照明系统（刹车、方向、喇叭、照明、液压系统等装置）是否灵敏、可靠。变矩器、变速箱使用的液力传动油、液压系统使用的液压油必须清洁并符合规定的质量要求。

（2）发动机启动后，应先空载运行 3～5min，观察各仪表指示正常后，方可起步行驶。待水温达到 75℃，机油温度高于 50℃，机油压力高于 0.25MPa 时，才允许进入全负荷作业。

（3）作业时，柴油机水温不得超过 95℃，机油温不得超过 110℃；变矩器油温不得超过 120℃，当油温超过允许值时，应立即停车冷却。

（4）装载机推铲物料时严禁单桥受力。

（5）停放装载机时，应选择平坦、安全的地面。如需要停放在坡道上时，应把车轮垫牢，并合上手制动，铲斗平放地面，并向下施加压力。

（6）当柴油机在运行中突然熄火时，应立即踩下制动踏板。因此时转向泵已停止工作，不要转动转向机实施转向。

（7）在作业中或刚停车时不允许打开散热器（水箱）盖，以防止蒸汽伤人。只有在水温低于 70℃时才允许打开。

（8）定期检查发动机机油损耗情况。

（9）定期检查水箱水位确定是否需要加水。

（10）定期清理、更换空气滤芯。

（11）定期检查、清理轮胎上的杂物（煤粒、焦粒、石子等）。

（12）定期检查胎压和轮胎磨损程度，避免爆胎。

（13）停车后要及时清理铲斗内的余煤，以减少铲斗腐蚀。

（14）定期进行常规保养，更换机油、机滤、空滤等。

26. 热回收焦炉日常检查维护有哪些内容？

答： 热回收焦炉日常检查维护主要有以下内容：

（1）定期检查、调整炉体拉条、护炉弹簧等焦炉保护铁件。

（2）定期检查、调整炉门挂钩、炉门栓位置和紧固情况。

（3）定期检查炉门保温情况。

（4）定期检查炉底磨损情况。

（5）定期检查炉体沉降情况。

（6）定期检查炉体密封情况。

（7）定期检查焦炉各附件完好情况。

27. 举例说明热回收焦炉检修时间如何确定？

答： 举例：单炉 44 孔焦炉，一个炉组 88 孔，周转时间 120h，单炉操作时间 60min，安排一次检修时间，检修时间为：

120×60-(88-1)×60＝1980min，计 33h；即一个循环应该有 33h 检修时间，平均到周转时间 120h 内，每天可安排 6h 的检修时间。

28. 推焦装煤车日常维护保养有哪些主要内容?

答：推焦装煤车日常维护保养主要有以下内容：

（1）定期检查各控制器、极限开关、安全装置、电流表及抱闸是否灵敏有效；

（2）定期检查各润滑系统是否良好，照明及安全装置是否齐全；

（3）定期检查推焦杆支撑滑靴磨损情况并检查焦杆有无变形；

（4）定期检查推焦杆中心线与炭化室中心线重合度（偏差≤10mm）；

（5）定期检查托煤板中心线与炭化室中心线重合度（偏差≤10mm）；

（6）定期清理托煤板和煤槽壁上粘附的余煤；

（7）定期保养检查推焦杆齿条、驱动齿轮、托轮、压轮及轴承；

（8）定期保养检查托煤板驱动链轮、链条；

（9）定期检查推焦减速机、装煤减速机油质、油位；

（10）定期检查走行装置减速机油质、油位；

（11）定期检查保养走行装置轴承，加油或更换润滑脂；

（12）定期检查、更换走行装置联轴器柱销；

（13）定期检查走行装置平衡架变形情况；

（14）定期检查、维护液压系统；

（15）定期检查各驱动电机是否正常；

（16）定期检查车架本体钢结构是否有开裂或变形；

（17）定期检查托煤板下托轮完好情况；

（18）定期检查后挡板导向滑轨完好情况；

（19）定期检查各部位螺栓紧固情况；

（20）定期检查推焦、装煤应急装置是否有效；

（21）定期检查推焦、装煤除尘系统是否完好。

29. 熄焦车日常维护保养有哪些主要内容?

答：熄焦车日常维护保养主要有以下内容：

（1）定期检查各控制器、极限开关、安全装置、电流表及抱闸是否灵敏有效；

（2）定期检查各润滑系统是否良好，照明及安全装置是否齐全；

（3）定期检查接焦槽中心线与炭化室中心线重合度（偏差≤10mm）；

（4）定期检查接焦槽底部衬板有无损坏或翘起、变形；

（5）定期检查接焦槽导焦挡板有无损坏或变形；

（6）定期保养检查接焦槽驱动油缸、托轮及轴承；

（7）定期检查接焦槽锁紧装置是否安全有效；

（8）定期检查走行装置减速机油质、油位；

（9）定期检查保养走行装置轴承，加油或更换润滑脂；

（10）定期检查、更换走行装置联轴器柱销；

（11）定期检查走行装置平衡架变形情况；

（12）定期检查、维护液压系统；

（13）定期检查各驱动电机是否正常；

（14）定期检查车架本体钢结构是否有开裂或变形；

（15）定期检查各部位螺栓紧固情况；

（16）定期检查接焦除尘系统是否完好。

30. 液压系统日常检修维护应注意哪些问题？

答：液压系统日常检修维护应注意以下主要问题：

（1）未经许可不允许改装安全器件，以免引起不必要的意外、异常或故障。

（2）未经许可不允许改装液压系统或控制回路。

（3）禁止改变压力或流量调节设备的设定值。

（4）由于在循环结构内运转，液压器的油位应保持在制造商推荐的范围内；应定期检查滤油器阻塞情况并及时清洗或更换，并保持液压油的油质、油位符合要求。

（5）液压泵/液压马达必须有防护罩，并禁止在转动件防护罩拆除或敞开的状态下操作。

（6）当液压泵运转声异常时，可能有气穴发生，可按序检查油箱的油位、吸入过滤器或滤网是否堵塞或吸油管是否松动；特别要当心在启动/停止时或转速传递时液压力波动是否在许可范围内（运转噪声异常时，可能会发生故障）。

（7）一旦发现液压泵/液压马达异常，如异常噪声、异常发热、异常振动、漏油、冒烟或有气味发生等，应立即停机并采取必要措施。

（8）需要清洁或检查时，应在切断电源后进行，将油路中压力完全释放并加以确认；未切断控制电源或未泄压时，禁止对系统进行检修，防止发生人身伤亡事故。

（9）检修现场一定要保持清洁，拆除元件或松开管件前应清除其外表面污物；检修过程中要及时用清洁的护盖把所有暴露的通道口封好，防止污染物浸入系统；不允许在检修现场进行打磨、施工及焊接作业。

（10）开始拆卸和检查液压系统之前，应排空回路的压力，确保驱动装置处于压力不升高的卸载状态。

（11）拆卸、分解液压元件时要注意零部件拆卸时的方向和顺序并妥善保存，不得丢失，避免将其精加工表面碰伤；不能锤击液压泵/液压马达，以免造成部件损坏。

（12）检查或更换元器件时必须保持清洁，不得有沙粒、污垢、焊渣等，可以先漂洗一下，再进行作业。

（13）更换密封件时，不允许用锐利的工具，注意不得碰伤密封件或工作表面。

（14）元件装配时，各零部件必须清洗干净；安装元件时，拧紧力要均匀适当，防止造成阀体变形、阀芯卡死或接合部位漏油。

（15）液压泵/液压马达的基座或安装孔应保持清洁，螺栓松动和密封不好会引起损坏和漏油。

（16）安装前，要确认液压泵和液压马达或其他动力源的转向符合铭牌或封记的箭头方向后再来安装，启动时确认液压泵的运转方向。

（17）当液压泵/液压马达需要安装泄油管时，应安装泄油管，使泵内压力不超过规定值；此外，即使液压泵/液压马达长时间停止应用，也应安装泄油配管，以免液压油从机壳内滴下。

（18）检修完成后，需对检修部位进行确认：应确认油路和配线的正确和无部件松动；特别要检查组合件与电磁阀间的连接，对各个电磁阀通电并确认各指定电磁阀的动作；无误后，按液压系统调试内容进行调整，观察检修部位，确认正常后，方可试车。

（19）开机前重复轻转油泵直到能可靠地吸入液压油，排出泵内残留空气。首次启动时将液压马达处于低载状态下启动，确认转动稳定和转向正确；一旦从排气孔中排出泡沫或液压油，或液压泵运转声有异常，应封闭排气孔并在不加载的状态下保持运转 5 分钟。

（20）电源通电时，应确认各控制开关处于 OFF 状态。

（21）启动运转前应确认各截止阀正确的开、闭状态，尤其要注意进入系统管路和回油管路上的截止阀。

（22）系统必须在压力控制器件（包括溢流阀）降压设定的状态下启动，并通过压力表确认降低的压力有效；在确定符合运转条件后，开始正常运转并检查压力保持在正常范围内。

（23）试车过程中发生不明故障，一般检查顺序如下：

1）首先确认设备是否过载运行；

2）检查是否有安装问题引起的故障；

3）检查是否有系统故障引起的堵转问题。

31. 液压系统使用过程中，对液压油的使用应注意哪些问题？

答：液压油的使用应注意以下问题：

（1）应根据设备技术资料的要求使用指定黏度范围内的液压油。

（2）禁止不同种类的液压油混合使用或将液压油与润滑油混合使用。

（3）更换液压油种类之前，应充分清洗原有的液压油以免不同种类的油品混用。

（4）为确保液压系统正常运行，需要定期更换液压油。液压油的更换周期，与液压油的品种、工作环境和运行工况有关：普通液压油更换周期为 12~18 月，一般来说，在连续运转、高温、高湿、灰尘较多的地方，要缩短更换液压油的周期，具体更换时间应按使用过程中检测到的数据来确定（原则上，液压系统调试完后须更换新液压油，初次使用半年后应更换一次液压油，以后每隔一年更换一次，以保证系统的正常运行）。

（5）更换或补充液压油时，必须将新油通过高精度滤油设备过滤后注入油箱。液压油牌号必须符合要求，并从指定加油口将油加入机内，以免混入水分或杂物。加油完成后，必须盖上密封盖。

（6）液压油在使用中会劣化，为保持液压油性能符合技术标准要求，应定期检查液压油的氧化特性、油质劣化和含水量等，超标时应进行更换。

32. 液压系统使用过程中，对液压阀使用的注意事项有哪些？

答：液压阀使用注意事项如下：

（1）使用液压阀之前，请仔细阅读操作手册并正确使用产品。

（2）液压阀要在最大工作压力规定值内使用。

（3）液压阀要在规定的流量、温度、油的种类和黏度范围内使用。

（4）要用规定力矩紧固阀的安装螺栓或配管螺丝。

（5）要用符合标准要求的管件正确地连接阀的接口。

33. 液压系统使用过程中，对电磁阀的使用注意事项有哪些？

答：液压系统电磁阀的使用注意事项如下：

（1）电磁阀禁止使用超出电压标准的电源。

（2）电磁阀使用时不能超出最大的开关频率。

（3）在通电状态下或液压系统处于加压的状态下，禁止连接、配线。

（4）在指定接地端子处连接上合规的接地线。

（5）不能同时对双向电磁阀通电。

（6）在易燃易爆场所，建议使用直流型电动阀代替交流电磁阀（带整流器的除外），确保安全生产。

34. 液压阀安装和拆除时的注意事项有哪些？

答：液压阀安装和拆除时的注意事项如下：

（1）应将阀周边的油、灰尘或湿物去除后再进行检查、调整和大修，以免异物进入阀内或连接管内。

（2）需要拆卸配管和阀体时，应小心液压回路中剩余的压力，应确认压力完全消除后再拆卸。

（3）阀体安装拆卸过程中，不能野蛮作业；严格按操作规程配线和处理接头。

（4）阀移位时，阀口、阀安装面和配管面应盖上罩盖；不能在使用（安装和配管）之前除去阀口上盖罩，以免在配管作业或安装中，杂物进入阀体。

（5）安装或维修液压阀时，应使用新的密封件。

（6）完成安装后应紧固阀上松动的螺母，检查附带罩盖是否安装到位。

（7）长期不用后再投入运行或投入长期使用之前，应对有手动结构的阀确认其手动操作或手动设定正常。

（8）在液压系统检查、调整和维修后，要将液压油加注到规定的油位（加注液压油前确认液压油的种类和清洁度合格）并做好下列工作：排空回路中的气体，检查漏油情况。

35. 液压缸安装的注意事项有哪些？

答：液压缸安装的注意事项如下：

（1）液压缸的安装必须符合设计要求和制造厂商的规定。

（2）安装液压缸时，进出油口的位置应放到最上面，应装有排气方便的排气阀。

（3）液压缸的安装应牢固可靠，为了防止热膨胀的影响，在行程大和工作中温差大的场合，缸的一端必须保持浮动。

（4）配管连接要求紧固到位。

（5）液压缸的安装面和活塞杆的滑动面，应保持足够的平行度和垂直度。

（6）密封圈不要装得太紧，特别是 U 形密封圈不可装得过紧。

36. 液压系统配管安装的注意事项有哪些？

答：液压系统配管安装应注意以下事项：

（1）管路敷设遵循的基本原则

1）大口径的管子或靠近配管支架里侧的管子，应优先敷设；

2）管子尽量成水平或垂直排列，注意整齐一致，避免管路交叉；

3）敷设位置或安装位置应便于管子的连接和检修，管路应靠近设备，便于固定管夹；

4）敷设一组管件时，在拐弯处一般采用90°或45°两种方式；

5）两条平行或交叉的管壁之间，必须保持一定距离：管径≤φ42时，最小管壁距离应≥35mm；管径≤φ75时，最小管壁距离应≥45mm；

6）整个管线要求尽量短，转弯少，平滑过渡，减少上下弯曲，保证管路的伸缩变形，管路的长度应能保证接头及辅件的自由拆装，又不影响其他管路；

7）管路不允许在有弧度部分内连接或安装法兰，法兰或接头焊接时，须与管子中心线垂直；

8）管路应在最高点设置排气装置；

9）管路敷设后，不应对支撑及固定部位施加除重力之外的力。

（2）管子的焊接

1）管子焊接前，必须对管子端部开合适的坡口，坡口角度应根据国标要求中最利于焊接的种类执行；

2）液压管路最好采用氩弧焊接，如果工期短，可考虑采用氩弧焊焊第一层（打底），第二层采用电焊的方法；

3）管路焊接后要进行焊缝质量检查，检查内容包括：焊缝周围有无裂纹、夹杂物、气孔及过大咬边、飞溅等现象；焊道是否整齐、有无错位、内外表面是否突起、外表面在加工过程中有无损伤或削弱管壁强度的部位等。

（3）安装软管的注意事项

1）避免急转弯，其弯曲半径 $R≥(9～10)D$，D 为软管外径，不要在靠近接头根部弯曲，软管接头至开始弯曲处的最短距离 $l=6D$（软管必须在规定的曲率范围内工作，若弯曲半径只有规定的一半时，则不能使用，否则寿命大为缩短）；

2）安装和工作时，软管不应有扭转的情况；

3）软管的弯曲同软管接头的安装及其运动平面应在同一水平线上，以防扭转；若软管两端的接头需在两个不同的平面上移动时，应在适当的位置安装夹子，把软管分为两部分，让每一部分在同一平面上运动；

4）软管过长或承受急剧振动的情况下，要用夹子夹牢；

5）软管应有一定的长度余量；

6）不要和其他软管或配管接触，以免摩擦破裂，可用卡板隔开；

7）软管要以最短距离或沿设备的轮廓安装，并尽可能平行排列。

37. 液压系统调试的注意事项有哪些？

答：液压系统调试的注意事项有以下内容：

（1）调试前的准备

1）液压系统必须在循环冲洗合格后，方可进行调试状态。

2）液压驱动的主机设备全部安装完毕，运动部件状态良好并经检查合格后，进入调试状态。

3）控制液压系统的电气设备及线路全部安装完毕并检查合格。

4）熟悉调试所需技术文件，如液压原理图、管路安装图、系统使用说明书等，根据上述技术文件，检查管路连接是否正确、可靠，选用的油液是否符合技术文件的要求，油箱内油位是否达到规定高度，根据原理图、装配图确认各元器件的位置。

5）清除主机及液压设备周围的杂物，调试现场必须配备有效的安全设施和明显的安全标志，并由专人负责管理。

（2）调试步骤

1）调试前的检查：

①根据系统原理图、装配图及配管图检查并确认每个执行元件由哪个支路的电磁换向阀操纵；

②电磁换向阀分别进行空载换向，确认电器动作是否正确、灵活，符合动作顺序要求；

③将泵吸油管、回油管路上的截止阀开启，泵出口溢流阀及系统中安全阀的调压手轮全部松开，将减压阀置于最低压力位置；

④流量控制阀置于小开口位置；

⑤按照使用说明书要求，向蓄能器内充氮。

2）启动液压泵：

①用手盘动电动机和液压泵间的联轴器，确认无阻碍并转动灵活；

②点动电动机，判定电动机转向是否与液压泵转向一致，确认后连续点动几次，无异常情况后按下电动机启动按钮，液压泵开始工作。

3）系统排气：

启动液压泵后，将系统压力调到 1.0MPa 左右，分别控制电磁换向阀换向，使油液分别循环到各支路中，拧动管道上设置的排气阀，将管道中的气体排出；当油液连续溢出时，关闭排气阀。液压缸排气时可将液压缸有杆腔的排气阀打开，电磁铁动作，活塞杆运动，将空气挤出。升到止点时，关闭排气阀。打开无杆腔排气阀，使液压缸下行，排出无杆腔中的空气。重复上述排气方法，直到将液压缸中的空气排净为止。

4）耐压试验：

耐压试验主要是指现场管路的耐压试验，液压设备的耐压试验应在制造厂进行。对于液压管路，耐压试验的压力应为工作压力的 1.5 倍。工作压力 ≥21MPa

的高压系统，耐压试验的压力应为工作压力的 1.25 倍。如系统自身的液压泵可以达到耐压值时，可不必使用电动液压泵。升压过程中应逐渐分段进行，不可一次达到高峰值。每升高一级时，应保持几分钟，并观察管路是否正常。调压过程中严禁操纵换向阀。

5）空载调试：

试压结束后，将系统压力恢复到准备调试状态，然后按调试说明书中规定的内容，分别对系统的压力、流量、速度、行程进行调整和设定。可逐个支路按先手动后电动的顺序进行，包括压力继电器和行程开关的设定。手动调整结束后，应在设备的机、电、液单独无负载试车完毕后，再进行空载联动试车。

6）负载试车：

设备开始运行后，应逐渐加大负载，如果情况正常，才能进行最大负载试车。最大负载试车成功后，应及时检查系统的工作情况是否正常，对压力、噪声、振动、速度、温升、液位等进行全面检查，并根据试车要求做出记录。

38. 液压系统维护和检查的要点有哪些？

答： 液压系统维护和检查的要点见表 4-2。

表 4-2　液压系统检查维护要点

检查项目	检查方法（测量仪器名称）	周期	设备		保养基准	维修基准	备　注
			运转	停止			
泵的响声	耳听或用噪声计测量	1/季	△		通常系统压力为 7MPa 时，噪声 ≤ 75dB（A）；14MPa 时，噪声 ≤ 90dB（A）	当噪声较大时，修理或更换	与工作油混入空气、水等，过滤器堵塞及溢流阀振动有关
泵的吸油阻力	真空表（装在泵吸入管处）	1/季	△		正常运转时，吸油真空度要在 127kPa 以下	当阻力较大时，检查过滤器和工作面	与工作油黏度、过滤器堵塞、吸油高度、吸油箱内径等有关
泵体温度	点温计（贴在泵体上）	1/年	△		比油温高 5~7℃	当温度剧烈上升时要修理	与工作油黏度、过滤器堵塞及调节压力、环境、温度等有关

检查项目	检查方法（测量仪器名称）	周期	设备 运转	设备 停止	保养基准	维修基准	备 注
泵出油压力	压力表	1/季	△		保持规定的压力	当压力剧烈变化或不能保持时要修理	注意压力表的共振
马达动作情况	目视、压力表、转速表	1/季	△		动作要平稳	动作不良时要修理	
马达异常声音	耳听	1/季	△		不能有异常声音	多因定子环、叶片及弹簧破损或磨损引起，要更换零件	若压力或流量超过额定值，也会产生异常声音
液压缸动作情况	按设计要求，检查动作的平稳性	1/季	△		按设计要求	动作不良由密封老化、卡死等引起，修理	与泵和溢流阀调节压力有关
液压缸外泄漏	目视，手摸	1/季	△		活塞杆处及整个外部均不能有泄漏	安装不良（不同心）引起泄漏时，应进行调查，并换密封	
液压缸内泄漏	打开回油管观测内泄漏情况	1/季	△		根据液压缸工作状态确定	若密封老化引起内泄漏，换密封	
过滤器杂质附着情况	取出观察	1/季		△	表面不能有杂质，不能有损坏	当附着杂质较多时，要更换滤芯或工作液	
压力表的压力测量	用标准表测量	1/年	△		误差不应超过±1.5%	误差大或损坏时需更换	
温度计的温度测量	用标准表测量	1/年		△	误差不应超过±1.5%	误差大或损坏时需更换	
蓄能器的充气压力	用带压力表的充气装置测量	1/年		△	应保持所规定的压力	如设定压力不足时需充气	当液体压力为0时，进行测量
油箱的液位	目视液位计	1/季		△	应保持所规定的液位		

检查项目	检查方法（测量仪器名称）	周期	设备 运转	设备 停止	保养基准	维修基准	备 注
油液的一般特性	目视色泽，闻其气味	1/季		△	应符合标准油液特性	若油变白浊，可对冷却器进行修理并换油，冲洗系统	
油液污染情况	用专用仪器测定	1/季	△		应符合规定的清洁度指标	超标时过滤油液	
压力阀设定值动作情况	（用压力表）检查设定值及动作状况	1/季	△		根据型号来检查动作的可靠性	根据检查情况更换或修理	当流量超过额定值时，会产生动作不良
方向阀换向状况	换向时看执行机构动作情况	1/季	△		方向阀动作可靠，外部不允许漏油	漏油时更换密封圈	
流量阀的流量调整	检查设定位置或观察执行机构的速度	1/年	△		按设计说明书设定	动作不良时修理	
电器元件的绝缘状况	用 500V 兆欧表测量	1/年		△	与地线之间的绝缘电阻，在 10MΩ 以上		
电气元件的电压测量	用电压表测量工作时的最低和最高电压	1/季	△		在额定电压的允许范围内（±15%）	电压变化大时，检查电气设备	电压过高或过低，会烧坏电气元件
液压装置漏油	目视，手摸	1/季	△		不允许漏油（尤其管接头部分）	修理（更换密封圈）	管接头结合面要结合可靠
橡胶软管外部损伤	目视，手摸	1/季	△		不能损伤	有损伤时，更换	

39. 液压系统常见故障及处理方法有哪些?

答: 液压系统常见故障及处理方法有以下内容。

（1）简易故障诊断法:

1）询问设备操作者,了解设备运行状况。其中包括:液压系统工作是否正常;液压泵有无异常现象;液压油检测清洁度的时间及其结果;过滤器滤芯清洗和更换情况;发生故障前是否对液压元件进行了调节;是否更换过密封元件;故障前后液压系统出现过哪些不正常现象;过去该系统出现过什么故障,是怎样排除的等。

2）查看液压系统工作的实际状况,判断系统压力、速度、油液、泄漏、振动是否存在问题。

3）听液压系统的声音,如冲击声、泵的噪声及异常声,判断液压系统是否正常。

4）根据温升、振动、爬行及联接处的松紧程度判定运动部件工作状态是否正常。

（2）逻辑分析判断法见表 4-3。

表 4-3　液压件常见故障及处理方法

故障源	故障现象	故障原因	处理措施
油泵	油泵不出油或者无压力	电机与油泵旋向不一致	纠正电动机旋向
		油泵进出口接反	按说明书选用正确接法
		油位过低,吸入管口高于液面	补充工作介质至最低液位以上
		工作温度过低,使介质黏度过高	加温到推荐正常工作温度
		吸入口管道漏气	检查管道、截止阀,并密封、紧固
		吸入滤油器堵塞	清洁或换新的滤油器
		吸入管道内径太小	换装较大内径的管子
		油品不符,油的黏度过高	使用推荐黏度的液压油
		油箱不透气	加装通气用的空气过滤器
	压力升不上去	油泵不上油	同前述
		溢流阀调整压力过低或者出现故障	重新调试溢流阀压力或者修复、更换溢流阀
		吸入管道漏气吸油不充分	同前述
		系统有泄漏	检查系统、处理泄漏点

故障源	故障现象	故 障 原 因	处 理 措 施
油泵	油泵噪声过大	油泵轴封漏气、吸入管道漏气或者吸油不充分	检查系统、处理泄漏点
		空气排除不彻底	整个系统排除空气
		油箱内油面过低，工作介质中进入气泡	补充工作介质；采取措施将回油管浸入液面之下；然后系统排除空气
		泵轴与电机轴不同心或联轴器松动	重新安装对正中心或紧固螺丝达到要求精度
		泵压力过高	降到额定压力
		工作介质污染使叶片卡住	拆洗油泵；过滤或者更换工作介质
	油泵体过热	工作介质温度过高	采取措施降低工作介质温度
		工作介质黏度过低，内泄过大	检测工作介质黏度，降低工作介质温度
工作介质	温度过高	油箱液位偏低，冷却能力不足	补充工作介质达规定液位
		工作介质黏度过高	使用推荐黏度的液压油
		油风冷却器冷却能力下降	检查冷却器灰尘附着状态，清洗冷却器
	工作介质黏度过高或者杂质超标	工作介质温度过低	加温到正常范围
		杂质污染	过滤，必要时更换
控制阀	压力波动不稳定	阀调压弹簧变形	按厂家规定更换
		先导阀接触不良或磨损	按厂家规定更换
		工作介质不清洁，堵塞阻尼孔	过滤或者更换清洁的工作介质
	压力显著振动或噪声	阀调压弹簧变形	按厂家规定更换
		回油路有空气渗入	调整回油路接头
		流量超过允许值	重新调整节流阀
		工作介质温度过高，回油阻力大	控制工作介质温度，降低回油阻力
	电磁溢流阀不上压	阀阻尼孔堵塞	清洗阻尼孔使之通畅
		主阀芯卡住	拆修使之动作灵活
		先导电磁阀不换向	检修电器接线、电磁铁、电磁阀本体，必要时更换

故障源	故障现象	故障原因	处理措施
控制阀	电磁溢流阀不卸荷	锥阀座小孔堵塞	清洗使之通畅
		先导电磁阀不换向	检修电器接线、电磁铁、电磁阀本体，必要时更换
	换向阀动作不灵或不到位	工作介质不清洁，堵塞阀体与阀芯间隙	清洗阀体、阀芯；过滤或者更换清洁的工作介质
		复位弹簧故障	更换
		阀芯被拉伤	更换
	换向阀不动作	电磁铁未受电	修复，给电磁铁受电
		电磁铁线圈烧毁	更换
		阀芯卡死	视情况检修或者更换
	流量不稳定	节流口或阻尼孔处发生堵塞，通流面积变化造成速度不均	拆洗元件；清洗过滤器；必要时更换工作介质
		油温过高或系统中混入空气	降低工作介质温度，对系统进行排气及采取措施防止空气渗入
油缸活塞杆不动作	压力不足	油液未进入液压缸： a 换向阀未换向； b 系统未供油	a 检查换向未换向的原因并排除； b 检查泵和主要阀的故障原因并排除
		有油，但没有压力： a 系统故障，主要是泵或溢流阀； b 内部泄漏严重，活塞与活塞杆松脱，密封件破损	a 检查泵或溢流阀的故障并排除； b 紧固活塞与活塞杆并更换密封件
油缸速度达不到规定值	内泄漏严重	密封件破损严重	更换密封件
		油的黏度太低	更换适宜黏度的液压油
		油温过高	检查相关原因并排除
	外载荷过大	设计错误，选用压力过低	核算后更换元件，调大工作压力
		工艺和使用错误，造成外载荷比预定值大	按设备规定值使用
	异物进入滑动部位	油液过脏	过滤或者更换清洁的油液
		防尘圈破损	更换防尘圈
		装配时未清洗干净或带入异物	拆开清洗，装配时注意清洁

故障源	故障现象	故 障 原 因	处 理 措 施
马达	过热	油液温度过高	查出原因并排除
		过载	检查支承与密封状况，检查超出设计要求的载荷
		马达磨损或损坏	修理或更换
		溢流阀、卸荷阀压力调得太高	调至合适压力

40. 振动筛设计原理、工作原理如何，有什么优缺点？

答：振动筛设计原理、工作原理以及主要优缺点简述如下：

（1）振动筛的设计原理

振动筛是利用振子激振所产生的往复旋型振动而工作的。设备由筛箱、激振器、悬挂（或支承）装置及电动机等组成。电动机带动激振器主轴回转，由于激振器上不平衡重物的离心惯性力作用，使筛箱振动。振子的上旋转重锤使筛面产生平面回旋振动，而下旋转重锤则使筛面产生锥面回转振动，其联合作用的效果则使筛面产生复旋型振动。其振动轨迹是一复杂的空间曲线。该曲线在水平面投影为一圆形，而在垂直面上的主投影为一椭圆形。改变激振器偏心重量，可以调节上、下旋转重锤的激振力，改变振幅。而调节上、下重锤的空间相位角，则可以改变筛面运动轨迹的曲线形状并改变筛面上物料的运动轨迹。

（2）振动筛工作原理

将颗粒大小不同的碎散物料群多次通过均匀布孔的单层或多层筛面，分成若干不同级别粒料的过程称为筛分。大于筛孔的颗粒留在筛面上，称为该筛面的筛上物；小于筛孔的颗粒透过筛孔，称为该筛面的筛下物。实际的筛分过程是：大量粒度大小不同、粗细混杂的碎散物料进入筛面后，只有一部分颗粒与筛面接触，由于筛箱的振动，筛上物料层被松散，使大颗粒本来就存在的间隙被进一步扩大，小颗粒乘机穿过间隙，转移到下层或运输机上。由于小颗粒间隙小，大颗粒并不能穿过，于是原来杂乱无章排列的颗粒群发生了分离，即按颗粒大小进行了分层，形成了小颗粒在下粗颗粒居上的排列规则。到达筛面的细颗粒，小于筛孔者透筛，最终实现了粗、细粒分离，完成筛分过程。

（3）振动筛的优点

1）采用块偏心作为激振力，激振力强，由于筛箱振动强烈，减少了物料堵塞筛孔的现象，使筛子具有较高的筛分效率和生产率；

2）筛子结构简单，维修方便快捷；

3）筛分物料耗电少、效率高；

4）筛分过程中物料破碎少，损耗低；

5）质量轻，系列完整，型号多样，层次多，对于干物料筛分可以满足需求。

（4）振动筛的缺点

1）对于水分高、有黏附物料，该机型不适宜，工作时振动会使物料更紧实的黏附于筛面，造成物料拥堵甚至被迫停机；

2）工作噪声和粉尘较重。

41. 振动筛种类有哪些?

答：振动筛分类如下：

（1）振动筛分设备按重量用途可分为矿用振动筛，轻型精细振动筛，实验振动筛：

1）矿用振动筛可分为：高效重型筛，自定中心振动筛，椭圆振动筛，脱水筛，圆振筛，香蕉筛，直线振动筛等；

2）轻型精细振动筛可分为：旋振筛，直线筛，直排筛，超声波振动筛，过滤筛等；

3）实验振动筛：拍击筛，顶击式振筛机，标准检验筛，电动振筛机等。

（2）按照振动筛的物料运行轨迹可以分为：

1）直线振动筛（物料在筛面上向前做直线运动）；

2）圆振动筛（物料在筛面上做圆形运动）；

3）多频筛分机（物料在筛面上向前做往复式运动）。

（3）振动筛按振动器的形式可分为单轴振动筛和双轴振动筛。单轴振动筛是利用单激振器使筛箱振动，筛面倾斜，筛箱的运动轨迹一般为圆形或椭圆形；双轴振动筛是利用同步异向回转的双激振器，筛面水平或缓倾斜，筛箱的运动轨迹为直线。

（4）振动筛按照振动原理还可分为惯性振动筛、偏心振动筛、自定中心振动筛和电磁振动筛等类型。

42. 直线振动筛的工作原理和应用范围有哪些?

答：直线振动筛的工作原理和应用范围如下：

（1）直线振动筛采用双振动电机驱动，当两台振动电机做同步、反向旋转时，其偏心块所产生的激振力在平行于电机轴线的方向相互抵消，在垂直于电机轴的方向叠加为一合力，因此筛机的运动轨迹为一直线。其两电机轴相对筛面有一倾角，在激振力和物料自重力的合力作用下，物料在筛面上被抛起跳跃式向前作直线运动，从而达到对物料进行筛选和分级的目的。

（2）直线振动筛（直线筛）可用于流水线中实现自动化作业。具有稳定可靠、能耗低、效率高、结构简单、易维修、筛分效率高等优点，是一种高效新型的筛分设备，广泛用于矿山、煤炭、冶炼、建材、耐火材料、轻工、化工等行业（图 4-1）。

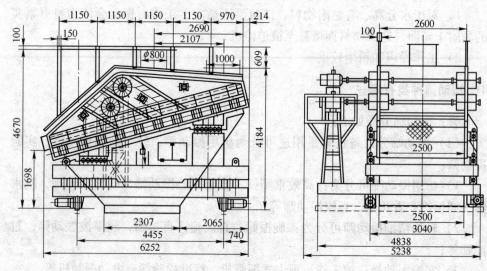

图 4-1　直线振动筛

43. 圆振动筛的工作原理和应用范围有哪些?

答：圆振动筛的工作原理和应用范围如下：

（1）圆振动筛指筛机振动体即筛箱具有近似圆运动轨迹的惯性振动筛，这种振动筛又称单轴振动筛。从筛机激振器的结构类型来看，圆振动筛有轴偏心的 YKR 型系列和块偏心的 YK 型系列两大类，YKR 型系列圆振筛具有筛分效率高，结构科学合理、整机强度和刚度高及运行平稳，噪声低、维修方便等特点。

（2）圆振动筛采用筒体式偏心轴激振器及偏块调节振幅，物料筛淌线长，筛分规格多，具有结构可靠、激振力强、筛分效率高、振动噪声低、坚固耐用、维修方便、使用安全等特点。圆振动筛是一类型号规格繁多、应用极广的筛分设备，各种圆振动筛的筛机筛面通常有单层和双层两种结构形式，广泛用于煤炭、矿山、电力、建材、轻工和化工各行业对各种颗粒状和小块状松散固体物料的干、湿式分级（图 4-2）。

44. 振动筛操作应注意哪些事项?

答：振动筛操作应注意以下事项：

（1）运行振动筛前检查：包括设备卫生，各部位连接螺栓齐全、紧固、完好，检查激振器是否完好，检查各弹簧有无损坏、缺少、断裂等现象，检查筛箱、筛板有无损坏，检查筛板有无杂物堵塞筛面、有无松动现象；检查进出料溜

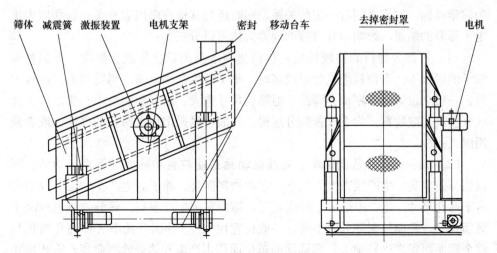

筛体　减震簧　激振装置　　　电机支架　　　　密封　移动台车　　　　去掉密封罩　　　　电机

图 4-2　圆振动筛

槽是否畅通；检查横梁有无开焊等现象；检查安全防护装置是否安全可靠；检查控制箱、通讯、照明是否完好，接地保护是否可靠，控制按钮是否灵活可靠。

（2）启动时：开启振动筛后，站在控制箱旁监视设备启动，发现异常立即停机。启动正常后，再次巡查每台振动筛的筛板有无堵塞或脱落，经常观察电动机的温度和声音，经常观察激振器的声音；观察筛子的振动情况，四角振幅是否一致；检查筛子入出料情况是否正常，有无堵塞。

（3）停机：将筛子上的物料排完后即可停机。停车时，观察筛子在通过共振点时与其他设备有无碰撞。

（4）当发现以下情况时，必须立即停止：遇到危及人身安全或设备安全时；筛面积存杂物较多、下料不畅时；筛网大面积破损；筛下溜槽堵塞严重；筛箱严重摆动等其他异常情况。问题排除后，方可重新启动振动筛。

45. 振动筛性能如何调整?

答：振动筛性能调整方法如下：

（1）首先，可以调整振动电机的附加重块，在上下重锤（上下偏心块）的一边装有附加重块，这样可以增加振动筛的激振力，根据所要筛分物料的比重和所选振动筛层数的不同，适当增减激振力和调整附加重块的数量。

（2）其次，可以改变振动电机上下重锤的相位角，这样就改变了物料在振动筛筛网上的停留时间和运动轨迹。

46. 影响筛分性能指标的因素有哪些?

答：筛分过程的技术经济指标是筛分效率和生产率，前者为质量指标，后者为数量指标。它们之间有一定的关系，同时还与其他许多因素有关。这些因素决定了筛分的结果。影响筛分过程的因素大体可以分三类：

（1）被筛分物料的物理性质：包括物料本身的粒度组成、湿度、含泥量和粒子的形状等。当物料细粒含量较高时，筛子的生产率也高。当物料的湿度较大时，一般来说筛分效率都会降低。但筛孔尺寸愈大，水分影响愈小，所以对于含水分较高的湿物料，为了改善筛分过程，一般可以采用加大筛孔的办法，或者采用湿式筛分。

（2）筛面结构参数的影响：直线振动筛是使粒料和筛面做垂直运动的，所以筛分效率高，生产能力大。对于一定的物料而言，筛子的生产率和筛分效率决定于筛孔尺寸。生产率取决于筛面宽度，筛面宽则生产率高。筛分效率也取决于筛面长度，筛面长则筛分效率高。一般长宽比为 2。筛面开孔率（即筛孔面积与整个筛面面积之比）愈大，则筛面的单位面积生产率和筛分效率愈高。筛孔尺寸愈大，则单位筛面的生产率越高，筛分效率越高。

（3）生产条件的影响：当筛子的负荷较高时，筛分效率低。圆振动筛筛子的和平率在很大程度上取决于筛孔大小和总筛分效率；给料均匀性对筛分过程意义很大。筛子的倾角要适宜，一般按照设计要求来确定。再有就是筛子的振幅与振次，这与筛子的结构物性有关，在一定的范围内，增加振幅或振次可以提高筛分指标。

47. 振动筛修理主要有哪些内容，应注意哪些事项？

答：振动筛修理内容和注意事项如下：

（1）振动筛修理内容包括及时更换磨损的筛面以及纵向垫条，更换减振弹簧，更换滚动轴承、传动齿轮和密封部件，更换损坏的螺栓，修理破损的筛框构件等。

（2）筛框侧板及梁应避免发生应力集中，因此不允许在振动筛这些构件上施以焊接。振动筛对横梁如有开裂应及时更换；侧板发现裂纹损伤时，应在裂纹尽头及时钻 5mm 孔，然后在开裂部位加补强板。激振器的拆卸、修理和装配应由专职人员在洁净场所进行。

（3）振动筛拆卸后，检查滚动轴承磨损情况和各部件连接情况，清洗轴承箱体中的润滑回路使之畅通，清除各结合面上的附着物，更换全部密封件及其他损坏零件。

48. 常用离心泵有哪几种分类方法？

答：常用离心泵分类如下：

（1）按叶轮数目分类

1）单级泵：在泵轴上只有一个叶轮。

2）多级泵：泵轴上有两个或两个以上的叶轮，这时泵的总扬程为 n 个叶轮产生的扬程之和。

（2）按工作压力分类

1）低压泵：压力低于 100m 水柱。

2）中压泵：压力在 100~650m 水柱之间。

3）高压泵：压力高于 650m 水柱。

（3）按叶轮吸入方式分类

1）单侧进水式泵：又称单吸泵，即叶轮上只有一个进水口。

2）双侧进水式泵：又称双吸泵，即叶轮两侧各有一个进水口。它的流量比单吸式泵大一倍，可以近似看做是两个单吸泵叶轮背靠背地联在一起。

（4）按泵壳结合来分类

1）水平中开式泵：在通过轴心线的水平面上开有结合缝。

2）垂直结合面泵：结合面与轴心线相垂直。

（5）按泵轴位置来分类

1）卧式泵：泵轴位于水平位置。

2）立式泵：泵轴位于垂直位置。

（6）按叶轮出水方式分类

1）蜗壳泵：水从叶轮出来后，直接进入具有螺旋线形状的泵壳。

2）导叶泵：水从叶轮出来后，进入它外面设置的导叶，之后进入下一级或流入出口管。

（7）按安装高度分类

1）自灌式离心泵：泵轴低于吸水池池面，启动时不需要灌水，可自动启动。

2）吸入式离心泵（非自灌式离心泵）：泵轴高于吸水池池面。启动前，需要先用水灌满泵壳和吸水管道，然后驱动电机，使叶轮高速旋转运动，水受到离心力作用被甩出叶轮，叶轮中心形成负压，吸水池中水在大气压作用下进入叶轮，又受到高速旋转的叶轮作用，被甩出叶轮进入压水管道（如立式、卧式自吸泵）。

（8）根据用途也可进行分类，如油泵、水泵、凝结水泵、排灰泵、循环水泵等。

49. 常用离心泵基本构造有哪些?

答：离心泵的基本构造由八部分组成，分别是：叶轮，泵体，泵盖，挡水圈，泵轴，轴承，密封环，填料函。

（1）叶轮是离心泵的核心部分，它转速高输出力大，叶轮上的叶片又起到主要作用。叶轮在装配前要通过静平衡试验。叶轮上的内外表面要求光滑，以减少水流的摩擦损失。

（2）泵体也称泵壳，它是水泵的主体，起到支撑固定作用，并与安装轴承的托架相联接。

（3）泵轴的作用是借联轴器和电动机相联接，将电动机的转矩传给叶轮。它是传递机械能的主要部件。

（4）轴承是套在泵轴上支撑泵轴的构件，有滚动轴承和滑动轴承两种类型。滚动轴承使用润滑脂作为润滑剂，加脂要适量，脂过量会发热，脂不足又会造成响声并发热。滑动轴承使用的是机械油作润滑剂，加油到油位线。油太多会沿泵轴渗出并且流失，油太少轴承又要过热烧坏造成事故。在水泵运行过程中，轴承的温度最高在 85℃，正常运行温度在 60℃ 左右。如果高了，就要查找原因（是否有杂质，油质是否发黑，是否进水）并及时处理！

（5）密封环又称减漏环。叶轮进口与泵壳间的间隙过大，会造成泵内高压区的水经此间隙流向低压区，影响泵的出水量，效率降低！间隙过小，会造成叶轮与泵壳摩擦产生磨损。为了增加回流阻力减少内漏，延长叶轮和泵壳的使用寿命，在泵壳内侧和叶轮外侧结合处装有密封环，密封的间隙保持在 0.25 ~ 1.10mm 之间为宜。

（6）填料函主要由填料、水封环、填料筒、填料压盖和水封管组成。填料函的作用主要是为了封闭泵壳与泵轴之间的空隙，不让泵内的水流到外面，也不让外面的空气进入到泵内，始终保持水泵内的真空。当泵轴与填料摩擦产生热量，就要靠水封管注水到水封圈内使填料冷却，保持水泵的正常运行。所以，在水泵的运行巡回检查过程中，对填料函的检查是特别要注意的。一般情况下，输送清水在运行 600 小时左右，就要对填料进行更换。

（7）轴向力平衡装置：在离心泵运行过程中，由于液体是在低压下进入叶轮，而在高压下流出，使叶轮两侧所受压力不等，产生了指向入口方向的轴向推力，会引起转子发生轴向窜动，产生磨损和振动。因此，应设置轴向推力轴承，以便平衡轴向力。

50. 离心泵的过流部件是指什么？

答： 过流部件是离心泵的做功部件，离心泵的过流部件有：吸入室，叶轮，压出室三个部分。叶轮室是泵的核心，也是过流部件的核心。泵通过叶轮对液体做功，使其能量增加。

（1）叶轮按液体流出的方向分为三类：

1）径流式叶轮（离心式叶轮）液体是沿着与轴线垂直的方向流出叶轮。

2）斜流式叶轮（混流式叶轮）液体是沿着轴线倾斜的方向流出叶轮。

3）轴流式叶轮液体流动的方向与轴线平行的。

（2）叶轮按吸入的方式分为两类：

1）单吸叶轮（即叶轮从一侧吸入液体）。

2）双吸叶轮（即叶轮从两侧吸入液体）。

（3）叶轮按盖板形式分为三类：

1）封闭式叶轮。

2）敞开式叶轮。

3）半开式叶轮。

其中封闭式叶轮应用很广泛，单吸叶轮和双吸叶轮均属于这种形式。

51. 如何简单区分离心泵种类？

答： 离心泵的简单区分方法如下：

（1）按吸入方式：

1）单吸泵液体从一侧流入叶轮，存在轴向力。

2）双吸泵液体从两侧流入叶轮，不存在轴向力，泵的流量几乎比单吸泵增加一倍。

（2）按级数：

1）单级泵泵轴上只有一个叶轮。

2）多级泵同一根泵轴上装两个或多个叶轮，液体依次流过每级叶轮，级数越多，扬程越高。

（3）按泵轴方位：

1）卧式泵轴水平放置。

2）立式泵轴垂直于水平面。

（4）按壳体型式：

1）分段式泵壳体按与轴垂直的平面部分，节段与节段之间用长螺栓连接。

2）中开式泵壳体在通过轴心线的平面上剖分。

3）蜗壳泵装有螺旋形压水室的离心泵，如常用的端吸式悬臂离心泵。

4）透平式泵装有导叶式压水室的离心泵。

（5）特殊结构：

1）管道泵作为管路一部分，安装时无须改变管路。

2）潜水泵泵体和电动机制成一体浸入水中。

3）液下泵泵体浸入液体中。

4）屏蔽泵叶轮与电动机转子联为一体，并在同一个密封壳体内，不需采用密封结构，属于无泄漏泵。

5）磁力泵除进、出口外，泵体全封闭，泵与电动机的联结采用磁钢互吸而驱动。

　　6）自吸式泵启动时无需灌液。

　　7）高速泵由增速箱使泵轴转速增高，一般转速可达 10000r/min 以上，也可称部分流泵或切线增压泵。

　　8）立式筒型泵进出口接管在上部同一高度上，有内、外两层壳体，内壳体由转子、导叶等组成，外壳体为进口导流通道，液体从下部吸入。

52. 离心泵有哪些主要性能参数?

　　答：离心泵的主要性能参数：扬程、流量和功率（以水泵为例）。

　　（1）流量

　　水泵的流量又称为输水量，用 Q 表示，单位是 m^3/h，L/s。所谓流量，是指单位时间内流经封闭管道或明渠有效截面的流体量，又称瞬时流量。当流体量以体积表示时，称为体积流量；当流体量以质量表示时，称为质量流量。单位时间通过流管内某一横截面的流体的体积，称为该横截面的体积流量。不可压缩的流体作定速恒压流动时，通过同一流管各截面的流量不变。

　　对在一定通道内流动的流体的流量进行测量，统称为流量计量。流量测量的流体是多样化的，如测量对象有气体、液体、混合流体；流体的温度、压力、流量均有较大的差异，所要求的测量准确度也各不相同。因此，流量测量的任务就是根据测量目的，被测流体的种类、流动状态，测量场所等测量条件，研究各种相应的测量方法，并保证流量量值的正确传递。

　　（2）扬程

　　扬程（head）：单位重量液体流经泵后获得的有效能量（通俗讲就是指水泵能够扬水的高度），又称压头。可表示为流体的压力能头、动能头和位能头的增加，通常用 H 表示，单位是 m。离心泵的扬程以叶轮中心线为基准，由两部分组成。从水泵叶轮中心线至水源水面的垂直高度，即水泵能把水吸上来的高度，称做吸水扬程，简称吸程；从水泵叶轮中心线至出水池水面的垂直高度，即水泵能把水压上去的高度，称做压水扬程，简称压程。即

水泵扬程＝吸水扬程＋压水扬程

　　应当指出，铭牌上标示的扬程是指水泵本身所能产生的扬程，它不含管道水流受摩擦阻力而引起的损失扬程。在选用水泵时，此点不可忽略。否则，将会抽不上水来。

水泵扬程＝静扬程＋水头损失

　　静扬程就是指水泵的吸入点和高位控制点之间的高差，例如从清水池抽水，送往高处的水箱。静扬程就是指清水池吸入口和高处的水箱之间的高差。

　　（3）功率

　　在单位时间内，机器所做功的大小称做功率。通常用符号 N 来表示。常用的单位有：kg·m/s、kW、马力。电动机的功率单位通常用 kW 表示；柴油机或汽油机的功率单位用马力表示。动力机传给水泵轴的功率，称为轴功率，可以理解为水泵的输入功率，通常讲水泵功率就是指轴功率。

　　由于轴承和填料的摩擦阻力，叶轮旋转时与水的摩擦，泵内水流的漩涡、间隙回流、进出口冲击等原因，必然消耗了一部分功率，所以水泵不可能将动力机输入的功率完全变为有效功率，其中必定有功率损失，也就是说，水泵的有效功率与泵内损失功率之和为水泵的轴功率。

　　（4）必需汽蚀余量

　　对清水泵，特别是用于吸上式供水设备时，必需汽蚀余量这一参数非常重要。

　　（5）额定电流参数

　　对潜水泵，特别是用于变频供水设备时，额定电流参数（A）非常重要。

　　（6）电机的主要参数

　　电机功率（kW），转速（r/min），额定电压（V），额定电流（A）。

　　（7）泵内损失

　　因为在离心泵的铭牌上标明的主要性能参数是以 20℃ 清水做实验，在最高效率条件下测得的数值（流量、扬程、泵送液体温度范围、系统承压、轴功率等），所以水泵选型时，还应考虑泵内损失：

　　1）容积损失。由于泵的泄漏所造成的损失称为容积损失。无容积损失时，泵的功率与有容积损失时泵的功率之比，称为泵的容积效率 η_V。

　　2）水力损失。流体流过叶轮、泵壳时，流速大小和方向的改变以及逆压强梯度的存在引起了环流和漩涡，造成了能量损失，这种损失称为水力损失。额定流量下离心泵的水力效率 η_h 一般为 0.8~0.9。

　　3）机械损失。高速转动的叶轮与液体间的摩擦以及轴承、轴封等处的机械摩擦造成的损失称为机械损失。机械效率 η_m 一般为 0.96~0.99。

53. 影响离心泵效率有哪几个因素？

　　答：以水泵为例，离心泵的效率是机械、容积和水力三种效率的乘积。泵组的效率为泵效率和电机效率的乘积。造成离心泵组效率低的因素主要有以下几个：

　　（1）泵本身效率是最根本的影响。同样工作条件下的泵，效率可能相差15%以上。

　　（2）离心泵的运行工况低于泵的额定工况，泵效低，耗能高。

　　（3）电机效率在运行中基本保持不变。因此，选择一台高效率电动机至关重要。

（4）机械效率的影响主要与设计及制造质量有关。泵选定后，后期管理影响较小。

（5）水力损失包括水力摩擦和局部阻力损失。泵运行一定时间后，不可避免地造成叶轮及导叶等部件表面磨损，水力损失增大，水力效率降低。

（6）泵的容积损失又称泄漏损失，包括叶轮密封环、级间、轴向力平衡机构三种泄漏损失。容积效率的高低不仅与设计制造有关，更与后期管理有关。泵连续运行一定时间后，由于各部件之间的磨损，间隙增大，导致容积效率降低。

（7）由于过滤缸堵塞、管线进气等原因造成离心泵抽空及空转。

（8）泵启动前，员工不注重离心泵启动前的准备工作，暖泵、盘泵、灌注泵等基本操作规程执行不彻底，经常造成泵的气蚀现象，引起泵噪声大、振动大、泵效低。

54. 不具备实验条件下，如何简单测试离心泵性能？

答： 离心泵性能的简单测试方法如下：

（1）测试条件

1）泵进口供液充分：进口阀全开，进口管径满足设计要求，供液槽及管道满液；

2）泵出口排液无阻力：出口阀全开，出口管径满足设计要求，出口末端无阻力；

3）所有管道畅通，出口压力表、流量计准确。

（2）性能完好指标

1）泵出口压力表表压达到泵额定扬程85%以上；

2）管道内流体流量达到泵额定流量85%以上；

3）电机电流在额定电流值以内（启动电流不计）；

4）泵运转平稳，无振动、异响、泄漏等直观缺陷。

55. 什么是离心泵的并联运行，有何隐患？

答： 离心泵的并联运行定义和存在隐患简述如下：

（1）两台或两台以上的离心泵，向同一压力管道或压力容器内输送流体的工作方式，称并联运行。并联运行的目的，是在流体压力相同时，增加流体的输送量。水泵并联工作时，原则上应该是两台性能相同（型号一致或工作特性曲线一致）的水泵并联，这样并联后输出流体的压头与单独工作时的压头接近（或略高），流量是两台泵的流量之和（但每台泵的流量略小于其单独工作时的流量）。

（2）离心泵并联运行可能造成的隐患：

1）若进口母管管径达不到设计要求，会造成两泵抢液，其中一台就会产生汽蚀或气缚。

2）若出口主管管径达不到设计要求，会造成管道压力过高（超过泵额定扬程过大甚至超过试验压力），会损坏机械密封、叶轮、轴承，甚至泵轴、泵体。

56. 离心泵选型和安装时，除常规工艺要求外还应特别注意哪些问题？

答：离心泵选型和安装时，应特别注意以下问题：

（1）直管段阻力对水泵扬程造成的损失见表4-4。

表4-4 100m 直管段阻力对水泵扬程造成的损失估算表（节选）

管内径 /mm	液体流量/L·s⁻¹										
	0.5	1	2	4	6	8	10	15	20	25	30	40
25	7.73	30.9	124									
38	0.72	2.87	11.5	45.9								
50		0.81	3.24	12.9	29.1							
65			0.81	3.24	7.29	13.0	20.2					
75			0.38	1.53	3.24	6.12	9.56	21.5				
100				0.34	0.77	1.36	2.13	4.78	8.50	13.3	19.1	
125					0.24	0.43	0.67	1.5	2.67	4.17	6.00	10.7

（2）阀门和弯头的阻力对水泵扬程造成的损失见表4-5。

表4-5 阀门和弯头的阻力对水泵扬程造成的损失（节选）

种 类	折合管路直径倍数	备 注
全开闸阀	15	未敞开加倍
标准弯管	25	
逆止阀	100	
底 阀	100	部分堵塞加倍

例如，内径 100mm 管路，底阀折合 100 倍直径，等于 $100 \times 100 = 10000$mm = 10m 直管长度。假定流量为 8L/s，查表4-4，直管每 100m 损失 1.36m，则 10m 损失 0.136m，即一个 100mm 底阀，流量为 8L/s 时，则损失扬程为 0.136m。

（3）进出口管径对水泵的流量限制见表4-6。

表 4-6　一定管路直径之最大流量限制（节选）

管路直径 /mm	最大流量 /L·s⁻¹	最大流速 /m·s⁻¹	管路直径 /mm	最大流量 /L·s⁻¹	最大流速 /m·s⁻¹
25	1	2.04	125	30.0	2.44
40	2.5	2.20	150	43.0	2.45
50	4.8	2.12	175	60.0	2.49
65	6.67	2.01	200	83.3	2.69
80	10.0	2.26	250	133.3	2.72
100	18.4	2.33	300	192.0	2.71

57. 离心泵的工作原理如何，各部件的主要作用是什么？

答： 离心泵的工作原理及各部件的作用如下：

（1）离心泵的工作原理

离心泵的主要过流部件有吸水室、叶轮和压水室。吸水室位于叶轮进水口的前面，起到把液体引向叶轮的作用；压水室主要有螺旋形压水室（蜗壳式）、导叶和空间导叶三种形式；叶轮是泵的最重要的工作元件，是过流部件的心脏。叶轮由盖板和中间的叶片组成。离心泵工作前，先将泵内充满液体，然后启动离心泵，叶轮快速转动，叶轮的叶片驱使液体转动。液体转动时，依靠惯性向叶轮外缘流去，同时叶轮从吸入室吸进液体。在这一过程中，叶轮中的液体绕流叶片，在绕流运动中液体作用一"升力"于叶片，反过来叶片以一个与此"升力"大小相等、方向相反的力作用于液体。这个力对液体做功，使液体得到能量而流出叶轮。这时液体的动能与压能均增大。离心泵依靠旋转叶轮对液体的作用把原动机的机械能传递给液体。由于离心泵的作用液体从叶轮进口流向出口的过程中，其速度能和压力能都得到增加，被叶轮排出的液体经过压出室，大部分速度能转换成压力能，然后沿排出管路输送出去。这时叶轮进口处因液体的排出而形成真空或低压，吸水池中的液体在液面压力（大气压）的作用下，被压入叶轮的进口。于是，旋转着的叶轮就连续不断地吸入和排出液体。

（2）离心泵各部件的主要作用

1）叶轮被泵轴带动旋转，对位于叶片间的流体做功，流体受离心作用，由叶轮中心被抛向外围。当流体到达叶轮外周时，流速非常高。

2）泵壳汇集从各叶片间抛出的液体，这些液体在壳内顺着蜗壳形通道逐渐扩大的方向流动，使流体的动能转化为静压能，减少能量损失。泵壳的作用不仅在于汇集液体，它更是一个能量转换装置。

3）叶轮外周安装有导轮，使泵内液体能量高效率转换。导轮是位于叶轮外周的固定的带叶片的环。这些叶片的弯曲方向与叶轮叶片的弯曲方向相反，其弯曲角度正好与液体从叶轮流出的方向相适应，引导液体在泵壳通道内平稳地改变方向，使能量损耗最小，动压能转换为静压能的效率高。

4）后盖板上的平衡孔能消除轴向推力。离开叶轮周边的液体压力已经较高，有一部分会渗到叶轮后盖板后侧，而叶轮前侧液体入口处为低压，因而产生了将叶轮推向泵入口一侧的轴向推力。这容易引起叶轮与泵壳接触处的磨损，严重时还会产生振动。平衡孔使一部分高压液体泄露到低压区，减轻叶轮前后的压力差。但由此也会引起泵效率的降低。

5）轴封装置可保证离心泵正常、高效运转。离心泵在工作时，泵轴旋转而泵壳不动，其间的环隙如果不加以密封或密封不好，则外界的空气会渗入叶轮中心的低压区，使泵的流量、效率下降，严重时流量为零——气缚。通常可以采用机械密封或填料密封来实现轴与壳之间的密封。

6）液体吸上原理：依靠叶轮高速旋转，迫使叶轮中心的液体以很高的速度被抛开，从而在叶轮中心形成负压，低位槽中的液体因此被源源不断地吸上。为防止气缚现象的发生，离心泵启动前，要用外来的液体将泵壳内空间灌满（气缚现象：如果离心泵在启动前壳内充满的是气体，则启动后叶轮中心气体被抛时不能在该处形成足够大的真空度，这样槽内液体便不能被吸上。这一现象称为气缚）。这一步操作称为灌泵。为防止灌入泵壳内的液体因重力流入低位槽内，在泵吸入管路的入口处装有止逆阀（底阀）；如果泵的位置低于槽内液面，则启动时无需灌泵。

58. 什么是离心泵的工作点，水泵运行中如何改变流量?

答: 离心泵的工作点及水泵运行中流量调节方式简述如下：

（1）离心泵的工作点

离心泵的特性曲线是泵本身固有的特性，它与外界使用情况无关。但是，一旦泵被安排在一定的管路系统中工作时，其实际工作情况就不仅与离心泵本身的特性有关，而且还取决于管路的工作特性。所以，要选好和用好离心泵，就要同时考虑到管路的特性。

在特定管路中输送液体时，管路所需压头 H_e 随着流量 Q_e 的平方而变化。将此关系绘在平面坐标系上，即为相应管路的特性曲线。

若将离心泵的特性曲线与其所在管路特性曲线绘于同一坐标系上，此两线交点 M 称为泵的工作点。选泵时，要求工作点所对应的流量和压头既能满足管路系统的要求，又正好是离心泵所能提供的，即 $Q = Q_e$，$H = H_e$。

离心泵的特性曲线（也叫性能曲线）如图 4-3 所示。

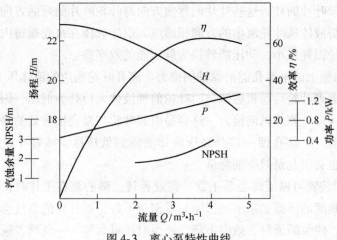

图 4-3　离心泵特性曲线

（2）离心泵运行中的流量调节

1）改变阀门的开度。改变离心泵出口管线上的阀门开关，其实质是改变管路特性曲线。当阀门关小时，管路的局部阻力加大，管路特性曲线变陡，流量减少。当阀门开大时，管路阻力减小，管路特性曲线变得平坦一些，流量加大。

用阀门调节流量迅速方便，且流量可以连续变化，适合连续生产的特点，所以应用十分广泛。其缺点是阀门关小时，阻力损失加大，能量消耗增多，效率降低。

2）改变泵的转速。改变泵的转速实质上是改变泵的特性曲线。若把泵的转速提高，泵的特性曲线 H-Q 上移，流量加大。若把泵的转速降低，则流量下降。这可以通过变频器来实现，相对经济一些。

59. 离心泵为什么会发生汽蚀，解决途径有哪些？

答：离心泵发生汽蚀的原因及解决方法如下：

（1）离心泵发生汽蚀是由于液道入口附近某些局部低压区处的压力降低到液体饱和蒸汽压，导致部分液体汽化所致。所以，凡能使局部压力降低到液体汽化压力的因素，都可能是诱发汽蚀的原因。

（2）解决汽蚀的途径应从吸入装置的特性、泵本身的结构以及所输送的液体性质三方面加以考虑。

1）结构措施。采用双吸叶轮，以减小液体经过叶轮时的流速，从而减小泵的汽蚀余量；在大型高扬程泵前装设增压前置泵，以提高进液压力；叶轮特殊设计，以改善叶片入口处的液流状况；在离心叶轮前面增设诱导轮，以提高进入叶轮的液流压力。

2）泵的安装高度。泵的安装高度越高，泵的入口压力越低，降低泵的安装高度可以提高泵的入口压力。因此，合理确定泵的安装高度可以避免汽蚀。

3）吸液管路的阻力。在吸液管路中设置的弯头、阀门等管件越多，管路阻力越大，泵的入口压力越低。因此，尽量减少一些不必要的管件或尽可能的增大吸液管直径，减少管路阻力，可以防止泵产生汽蚀。

4）泵的几何尺寸。由于液体在泵入口处具有的动能和静压能可以相互转换，其值保持不变。入口液体流速高时，压力低；流速低时，压力高。因此，增大泵入口的通流面积，降低叶轮的入口速度，可以防止泵产生汽蚀。

5）液体的密度。输送的液体密度越大，泵的吸上高度就越小。当设计用于输送密度较小液体的泵改送密度较大的液体时，泵就可能产生汽蚀；但用用于输送密度较大液体的泵改送密度较小的液体时，泵的入口压力较高，不会产生汽蚀。

6）输送液体的温度。温度升高时，液体的饱和蒸气压升高。在泵的入口压力不变的情况下，输送液体的温度升高时，液体的饱和蒸气压可能升高至等于或高于泵的入口压力，泵就会产生汽蚀。

7）吸液池液面压力。吸液池液面压力较高时，泵的入口压力也随之升高，泵不容易产生汽蚀；反之，泵的入口压力较低，泵就容易产生汽蚀。

8）液体的易挥发性。在相同的温度下，较易挥发的液体其饱和蒸汽压较高，因此，输送易挥发液体时，泵容易产生汽蚀。

9）其他措施。采用耐汽蚀破坏的材料制造泵的过流部分元件；降低泵的转速。

60. 离心泵的安装应注意哪些环节？

答：离心泵的安装应注意以下主要问题：

（1）关键安装技术

离心泵的安装技术关键，在于确定离心泵安装高度，即吸程。这个高度是指水源水面到离心泵叶轮中心线的垂直距离，它与允许吸上真空高度不能混为一谈。水泵产品说明书或铭牌上标示的允许吸上真空高度，是指水泵进水口断面上的真空值，而且是在 1 标准大气压、水温 20℃ 情况下，进行试验而测定得到的。它并没有考虑吸水管道配套以后的水流状况。而水泵安装高度应该是允许吸上真空高度扣除了吸水管道损失扬程以后，所剩下的那部分数值，它要克服实际地形吸水高度。水泵安装高度不能超过计算值，否则，离心泵将会抽不上水来。另外，影响计算值大小的是吸水管道的阻力损失。因此，宜采用最短的管路布置，并尽量少装弯头等配件；也可考虑适当配大一些口径的水管，以减小管内流速。

应当指出，管道离心泵安装地点的高程和水温不同于试验条件时，如当地海拔 300 米以上或被抽水温超过 20℃，则对计算值要进行修正，即不同海拔高程处的大气压力和高于 20℃ 水温时的饱和蒸汽压力。但是，水温为 20℃ 以下时，饱和蒸汽压力可忽略不计。

从管道安装技术上看，吸水管道要求有严格的密封性，不能漏气、漏水，否则将会破坏离心泵进水口处的真空度，使离心泵出水量减少，严重时甚至抽不上水来。因此，要认真地做好管道的接口工作，保证管道连接的施工质量。

（2）安装高度 H_s 计算（加公式）

允许吸上真空高度 H_s 是指泵入口处压力 p_1 可允许达到的最大真空度。而实际的允许吸上真空高度 H_s 值并不是根据理论公式计算的值。而是由泵制造厂家实验测定的值。此值附于泵样本中供用户查用。但应注意的是，泵样本中给出的 H_s 值是用清水为工作介质，操作条件为 20℃ 及压力为 $1.013×10^5$ Pa 时的值，当操作条件及工作介质不同时，需进行换算。

$$H_{s1} = H_s + (H_a - 10.33) - (H_v - 0.24)$$

（3）汽蚀余量 Δh

对于油泵，计算安装高度时用汽蚀余量 Δh 来计算，即泵允许吸液体的真空度，亦即泵允许的安装高度。汽蚀余量 Δh 由油泵样本中查取，其值也用 20℃ 清水测定。若输送其他液体，亦需进行校正，可详查有关文献。

$$吸程 = 标准大气压(10.33m) - 汽蚀余量 - 安全量(0.5m)$$

按照理论值，一个标准大气压能提供管路真空高度 10.33m。

从安全角度考虑，泵的实际安装高度值应小于计算值。当计算值 H_g 为负值时，说明泵的吸入口位置应在贮槽液面之下。

（4）离心泵安装应注意以下几点

1）安装的基座表面必须平整、清洁，并能承受相应的载荷。

2）在需要固定的地方，要使用地脚螺栓。

3）对于垂直安装的泵，地脚螺栓必须有足够的强度。

4）如果垂直安装，电机必须位于水泵上方。

5）当固定在墙上时，要注意找正、对中。

（5）泵的选型

离心泵应该按照所输送的液体进行选择，并校核需要的性能，分析抽吸、排出条件，是间歇运行还是连续运行等。离心泵通常应在（或接近）制造厂家设计规定的压力和流量条件下运行。

（6）泵安装时应进行以下复查

1）基础的尺寸、位置、标高应符合设计要求，地脚螺栓必须正确地固定在混凝土地基中，机器不应有缺件、损坏或锈蚀等情况；

2）根据泵所输送介质的特性，必要时应该核对主要零件、轴密封件和垫片的材质；

3）泵的找平、找正工作应符合设备技术文件的规定，若无规定时，应符合现行国家标准《机械设备安装工程施工及验收通用规范》的规定；

4）所有与泵体连接的管道、管件的安装以及润滑油管道的清洗要求，应符合相关国家标准的规定。

61. 离心泵的使用应注意哪些问题？

答：使用离心泵时应注意以下问题：

（1）泵的试运转应符合下列要求：

1）驱动机的转向应与泵的转向相同。

2）查明管道泵和共轴泵的转向。

3）各固定连接部位应无松动，各润滑部位加注润滑剂的规格和数量应符合设备技术文件的规定。

4）有预润滑要求的部位应按规定进行预润滑。

5）各指示仪表，安全保护装置均应灵敏、准确、可靠。

6）盘车应灵活，无异常现象。

7）高温泵在试运转前应进行泵体预热，温度应均匀上升，每小时温升不应大于 50℃；泵体表面与有工作介质进口的工艺管道的温差不应大于 40℃。

8）设置消除温升影响的连接装置，设置旁路连接装置提供冷却水源。

（2）离心泵操作时应注意以下几点：

1）禁止无水运行，不要调节吸入口来降低排量，禁止在过低的流量下运行。

2）监控运行过程，彻底阻止填料箱泄漏，更换填料箱时要用新填料。

3）确保机械密封有充分冲洗的水流，水冷轴承禁止使用过量水流。

4）润滑剂不要使用过多。

5）按推荐的周期进行检查。建立运行记录，包括运行小时数，填料的调整和更换，添加润滑剂及其他维护措施和时间。对离心泵抽吸和排放压力，流量，输入功率，洗液和轴承的温度以及振动情况，都应该定期测量记录。

6）离心泵的主机是依靠大气压将低处的水抽到高处的，而大气压最多只能支持约 10.3m 的水柱，所以离心泵的主机离开水面 12m 无法工作。

（3）离心泵的启动时应注意以下几点：

1）离心泵启动前检查。

①润滑油的名称、型号、主要性能和加注数量是否符合技术文件的要求；

②轴承润滑系统、密封系统和冷却系统是否完好，轴承的油路、水路是否畅通；

③盘动泵的转子 1~2 转，检查转子是否有摩擦或卡滞现象；

④在联轴器附近或皮带防护装置等处，是否有妨碍转动的杂物；

⑤泵、轴承座、电动机的基础地脚螺栓是否松动；

⑥泵工作系统的阀门或附属装置均应处于泵运转时负荷最小的位置，应关闭出口调节阀；

⑦点动泵，看其叶轮转向是否与设计转向一致，若不一致，必须使叶轮完全停止转动，调整电动机接线后，方可再启动。

2）离心泵充水。水泵在启动以前，泵壳和吸水管内必须先充满水，这是因为有空气存在的情况下，泵吸入口无法形成和保持真空。

3）离心泵暖泵。输送高温液体的多级离心泵，如电厂的锅炉给水泵，在启动前必须先暖泵。这是因为给水泵在启动时，高温给水流过泵内，使泵体温度从常温很快升高到 $100 \sim 200℃$，这会引起泵内外和各部件之间的温差，若没有足够长的传热时间和适当控制温升的措施，会使泵各处膨胀不均，造成泵体各部分变形、磨损、振动和轴承抱轴事故。

（4）其他注意事项：

1）离心泵一般在排出管路阀门关闭状态下启动，以降低启动功率。

2）离心泵在一定转速下所产生的扬程有一限定值，工作点流量和轴功率取决于与泵连接的装置系统的情况（位差、压力差和管路损失），扬程随流量而改变。

62. 离心泵的维护应注意哪些问题？

答：离心泵的维护应注意以下问题：

（1）离心泵运行系统维护要点

1）要经常对离心泵轴端密封进行检查和调整，降低容积损失。

2）定期清理过滤缸，检查管线连接，保证离心泵进液管路畅通。

3）严格按照离心泵操作规程，启泵前一要进行盘泵，打开进口阀门，关闭出口阀门，进行排气放空，检查泵的进口压力是否符合要求，防止供液压力低和流量不足而引起泵的汽蚀现象。

（2）离心泵停止运转后的要求

1）离心泵停止运转后，应关闭泵的入口阀门。待泵冷却后，再依次关闭附属系统的阀门。

2）高温泵停车应按设备技术文件的规定执行，停车后应每隔 $20 \sim 30min$ 盘车半圈，直到泵体温度降至 $50℃$ 为止。

3）低温泵停车时，当无特殊要求时，泵内应经常充满液体；吸入阀和排出阀应保持常开状态；采用双端面机械密封的低温泵，液位控制器和泵密封腔内的密封液应保持泵的灌浆压力。

4）输送易结晶、易凝固、易沉淀等介质的泵，停泵后应防止堵塞，并及时用清水或其他介质冲洗泵和管道。

5）排出泵内积存的液体，防止锈蚀和冻裂。

（3）离心泵的保管

1）尚未安装好的泵，在未上漆的表面应涂覆一层合适的防锈剂；用油润滑的轴承应该注满适当的油液；用脂润滑的轴承应该仅填充一种润滑脂，不要使用混合润滑脂。

2）泵停用封存前，应该用干净液体冲洗抽吸管线、排放管线、泵壳和叶轮，并排净泵壳、抽吸管线和排放管线中的冲洗液。

3）排净轴承箱中的油，再加注干净的油，彻底清洗油脂后，再填充新油脂。

4）把吸入口和排放口封起来，把泵贮存在干净、干燥处，保护电动机绕组免受潮湿，用防锈液和防蚀液喷射泵壳内部。

5）泵轴每月转动一次以免冻结，并润滑轴承。

63. 离心泵的常见故障及处理方法有哪些？

答：离心泵的常见故障及处理方法如下：

（1）离心泵机械密封失效的分析

1）离心泵停机主要是由机械密封的失效造成的。失效的表现大都是泄漏，泄漏原因有以下几种：

①动静环密封面的泄漏。原因主要有：端面平面度，粗糙度未达到要求，或表面有划伤；端面间有颗粒物质，造成两端面不能同样运行；安装不到位，方式不正确。

②补偿环密封圈泄漏。原因主要有：压盖变形，预紧力不均匀；安装不正确；密封圈质量不符合标准；密封圈选型不对。

2）实际使用效果表明，密封元件失效最多的部位是动、静环的端面。离心泵机封动、静环端面出现龟裂是常见的失效现象，主要原因有：

①安装时密封面间隙过大，冲洗液来不及带走摩擦产生的热量；冲洗液从密封面间隙中漏走，造成端面过热而损坏。

②液体介质汽化膨胀，使两端面受汽化膨胀力而分开。当两密封面用力贴合时，破坏润滑膜从而造成端面表面过热。

③液体介质润滑性较差，加之操作压力过载，两密封面跟踪转动不同步。当有一个密封面滞后不能跟踪旋转，瞬时高温造成密封面损坏。

④密封冲洗液孔板或过滤网堵塞，造成水量不足，使机封失效。

另外，密封面表面有滑沟，端面贴合时出现缺口，导致密封元件失效。主要原因有：

①液体介质不清洁，有微小质硬的颗粒，以很高的速度进入密封面，将端面

表面划伤而失效。

②机泵传动件同轴度差，泵开启后每转一周端面被晃动摩擦一次，动环运行轨迹不同心，造成端面汽化，过热磨损。

③液体介质水力特性的频繁发生引起泵组振动，造成密封面错位而失效。

3）液体介质对密封元件的腐蚀，应力集中，软硬材料配合，冲蚀，辅助密封 O 形环、V 形环、凹形环与液体介质不相容、变形等，都会造成机械密封表面损坏失效。所以，对其损坏形式要综合分析，找出根本原因，保证机械密封长时间运行。

(2) 离心泵不出水故障

1）进水管和泵体内有空气：

①有些用户水泵启动前未灌满足够水；看上去灌水已从放气孔溢出，但未转动泵轴完全排出空气，致使少许空气还残留在进水管或泵体中。

②与水泵接触进水管水平段逆水流方向应有 0.5% 以上下降坡度，连接水泵进口一端为最高，不要完全水平。若向上翘起，进水管内会存留空气，降低了水管和水泵中的真空度，影响吸水。

③水泵填料因长期使用已经磨损或填料过松，造成大量水从填料与泵轴轴套间隙中喷出，其结果是外部空气就从这些间隙进入水泵内部，影响了提水。

④进水管因长期潜在水下，管壁腐蚀出现孔洞，水泵工作后水面不断下降，当这些孔洞露出水面后，空气就从孔洞进入进水管。

⑤进水管弯管处出现裂痕，进水管与水泵连接处出现微小间隙，都有可能使空气进入进水管。

2）水泵转速过低：

①人为因素。有相当一部分用户因原配电动机损坏，就随意配上另一台小电动机，结果造成了流量小、扬程低甚至抽不上水的后果。

②传动带磨损。有许多大型离心泵采用带传动，因长期使用，传动带磨损而松弛，出现打滑现象，降低了水泵转速。

③安装不当。两带轮中心距太小或两轴不平行，传动带紧边安装到上面致使包角太小，两带轮直径计算差错，联轴器传动水泵两轴偏心距较大等，均会造成水泵转速变化。

④水泵本身机械故障。叶轮与泵轴紧固螺母松脱或泵轴变形弯曲，造成叶轮位移，直接与泵体摩擦，或轴承损坏，都有可能降低水泵转速。

⑤电动机维修后未达到原设计标准要求。电动机维修后绕组匝数、线径、接线方法改变，或原有故障未彻底排除等，也会使水泵转速改变。

3）吸程太大。在有些水源较深，外围地势较平坦的地方，安装水泵时忽略了水泵容许吸程，造成了吸水少或根本吸不上水的结果。因为各离心泵都有其最大容许吸程，一般在 3~8.5m 之间，安装水泵时切不可只图方便简单而忽略此因素。

4）水流进出水管中阻力损失过大。有些用户测量蓄水池或水塔到水源水面垂直距离还略小于水泵扬程，但提水量小或提不上水。其原因常是管道太长、水管弯道多，水流管道中阻力损失过大。此外，有部分用户还随意改变水泵进、出管管径，这些对扬程也有一定影响。

5）其他影响因素：

①底阀打不开。通常是水泵搁置时间太长，底阀垫圈被粘死，无垫圈底阀可能会锈死。

②底阀过滤网被堵塞。水中杂物或底阀潜入污泥中造成滤网堵塞。

③叶轮磨损严重。叶轮叶片经长期使用而磨损，影响了水泵性能。

④进口闸阀或止回阀有故障，会造成流量减小甚至无法上水。

（3）离心泵振动原因分析

1）离心泵的转子不平衡与安装不对中。这个因素在离心泵的振动问题中所占比例较大，约为80%。造成离心泵转子不平衡的原因是：材料组织不均匀、零件结构不合格，造成转子质量中心线与转轴中心线不重合，产生偏心距形成的不平衡。校正离心泵的转子不平衡又可分为两种：静平衡与动平衡，一般也称为单面平衡和双面平衡。其区别在于：单面平衡是在一个校正面进行校正平衡，而双面平衡是在两个校正面上进行校正。

2）安装原因：基础螺栓松脱，校调的水平度没有调整好。在离心泵工作之前，要检查一下其基础螺栓是否有松动的现象，以及离心泵的安装是否水平。这些也会造成离心泵在工作中发生振动。

3）离心泵内有异物。在离心泵工作之前，要检查泵的内部。由于长期使用，在离心泵的内部可能存在一些如水中的杂草等异物。

4）由于长时间的使用造成离心泵内部的汽蚀穿孔。

5）离心泵的设计方面存在不合理的情况，例如零件大小尺寸等问题。

64. 罗茨风机的工作原理是什么？

答： 罗茨鼓风机，也称作罗茨风机，英文名 Roots blower，系属容积回转鼓风机，是利用两个或者三个叶形转子在气缸内作相对运动来压缩和输送气体的回转压缩机。转子上每一凹入的曲面部分与气缸内壁组成工作容积，在转子回转过程中从吸气口带走气体。当移到排气口附近与排气口相连通的瞬时，因有较高压力的气体回流，这时工作容积中的压力突然升高，然后将气体输送到排气通道。两转子互不接触，它们之间靠严密控制的间隙实现密封，故排出的气体不受润滑油污染（图4-4）。罗茨风机输送的风量与转数成比例。

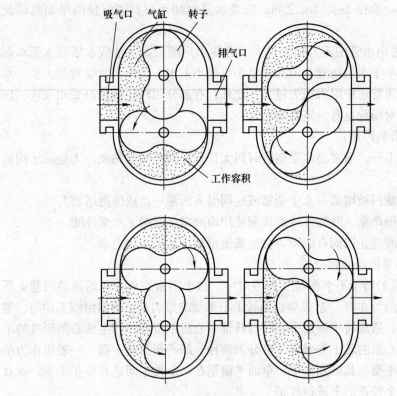

图 4-4　罗茨鼓风机结构和工作原理

　　风机内腔不需要润滑油，高效节能，精度高，寿命长，结构紧凑，体积小，使用方便，产品用途广泛，遍布石化、建材、电力、冶炼、化肥、矿山、港口、轻纺、食品、造纸、水产养殖和污水处理、环保产业等诸多领域，大多用于输送空气，也可用来输送煤气、氢气、乙炔、二氧化碳等易燃、易爆及腐蚀性气体。

65. 生产中常用的罗茨风机都有哪些类型？

　　答：罗茨鼓风机按照其工作方式的不同可以分为单级与多级。只有一个压缩级的鼓风机，称为单级鼓风机；而将两台单级鼓风机串联起来，对气体连续进行两次压缩的鼓风机，称为双级鼓风机。

　　按叶轮头数分为两叶罗茨鼓风机和三叶罗茨鼓风机；

　　按用途分为立窑鼓风机、气化鼓风机、曝气鼓风机等；

　　按介质种类分为空气鼓风机、煤气鼓风机、氢气鼓风机、二氧化硫鼓风机等；

　　按传动方式分为直联鼓风机和带联鼓风机等；

按冷却方式分为空冷鼓风机、水冷鼓风机和逆流冷却鼓风机等;

按结构形式分为立式鼓风机、卧式鼓风机、竖轴式鼓风机、密集成组鼓风机等;

按密封形式分为迷宫密封、涨圈密封、填料密封和机械密封等各种形式的鼓风机。

66. 罗茨风机的使用与维护应注意哪些问题?

答:罗茨风机的使用与维护应注意以下问题:

(1)应对风机各部件全面进行检查,机件是否完整,各螺栓、螺母的连接松紧情况、各紧固件和定位销的安装质量、进排气管道和阀门安装质量等。

(2)为了保证鼓风机安全运行,不允许承载管道、阀门、框架等外加负荷。

(3)检查鼓风机与电动机的找中与找正。

(4)检查机组的底座四周是否全部垫实,地脚螺栓是否紧固。

(5)向油箱注入规定牌号的齿轮油至规定油位。

(6)检查电动机转向是否符合指向要求。

(7)在皮带轮(联轴器)处应安装皮带罩(防护罩),以保证操作使用的安全。

(8)全部打开鼓风机进、排气口阀门,盘动风机转子,转动应灵活,无撞击和摩擦等现象,确认一切正常后,方可启动风机进行试运转。

(9)鼓风机空负荷试运转:

1)新安装或大修后的风机都应经过空负荷试运转。

2)罗茨鼓风机空负荷运转的概念是:在进、排气口阀门全开的条件下投入运转。

3)没有不正常的气味或冒烟现象及碰撞或摩擦声,轴承部位的径向振动速度不大于 6.3mm/s。

4)空负荷运行 30min 左右,如情况正常,即可投入带负荷运转;如发现运行不正常,进行检查排除后仍需做空负荷试运转。

(10)鼓风机正常带负荷持续运转:

1)要求逐步缓慢地调节,带上负荷直至额定负荷,不允许一次即调节至额定负荷。

2)所谓额定负荷,系指进、排气口之间的静压差,即铭牌上的标定压力值。在排气口压力正常情况下,须注意进气口的压力变化,以免超负荷。

3)风机正常工作中,严禁完全关闭进、排气口阀门,应注意定期观察压力情况,超负荷时安全阀是否动作排气。否则应及时调整安全阀,不准超负荷运行。

4)由于罗茨鼓风机的特性,不允许将排气口的气体长时间地直接回流入鼓风机的进气口（改变了进气口的温度），否则必将影响机器的安全。如需采取回流调节，则必须采用冷却措施。

5）要经常注意润滑油的油量位置，定期检查，并做好记录，确保油量合规。

（11）停车。鼓风机不宜在满负荷情况下突然停车，必须逐步卸荷后再停车，以免损坏机器。

67. 罗茨风机的安装应注意哪些问题？

答： 罗茨风机的安装应注意以下问题：

（1）不可把风机安装在人经常出入的场所，以防伤人。

（2）不可把风机安装在易产生易燃、易爆及腐蚀性气体的场所。

（3）根据进排气口方向和维修的需要，基础面四周应留有适当宽裕的空间。

（4）安装风机时，应察看地基是否牢固，表面是否平整，地基是否高出地面等。

（5）风机室外配置时，应设置防雨棚。

（6）风机在不高于40℃的环境温度下可长期使用。超过40℃时，应安装排气扇等降温措施，以提高风机使用寿命。

68. 罗茨风机的维护与检修应注意哪些问题？

答： 罗茨风机的检修维护应注意以下问题：

（1）检查各部位的紧固情况及定位销是否有松动现象。

（2）鼓风机机体内部无漏油现象。

（3）鼓风机机体内部不能有结垢、生锈和剥落现象存在。

（4）注意润滑和散热情况是否正常，注意润滑油的质量，经常倾听鼓风机运行有无杂声，注意机组是否在不符合规定的工况下运行，并注意定期加黄油。

（5）鼓风机的过载，有时不是立即显示出来的，所以要注意进、排气压力，轴承温度和电动机电流的增加趋势，来判断机器是否运行正常。

（6）拆卸机器前，应对机器各配合尺寸进行测量，做好记录，并在零部件上做好标记，以保证装配后维持原来配合要求。

（7）新机器或大修后的鼓风机，油箱应加以清洗，并按使用步骤投入运行，建议运行8小时后更换全部润滑油。

（8）维护检修应按具体使用情况拟订合理的维修制度，按期进行，并做好记录，建议每年大修一次，并更换轴承和有关易损件。

（9）鼓风机大修建议由专业维修人员进行检修。

69. 罗茨风机的常见故障分析与简单排除方法有哪些？

答： 罗茨风机的常见故障分析与简单排除方法见表4-7。

表4-7 罗茨风机的常见故障分析与简单排除方法

序号	故障表现	原因分析	排除方法
1	叶轮与叶轮摩擦	叶轮上有污染杂质，造成间隙过小	清除污物，并检查内件有无损坏
		齿轮磨损，造成侧隙大	调整齿轮间隙，若齿轮侧隙大于平均值30%~50%，应更换齿轮
		齿轮固定不牢，不能保持叶轮同步	重新装配齿轮，保持锥度配合接触面积达75%
		轴承磨损致使游隙增大	更换轴承
2	叶轮与墙板、叶轮顶部与机壳摩擦	安装间隙不正确	重新调整间隙
		运转压力过高，超出规定值	查出超载原因，将压力降到规定值
		机壳或机座变形，风机定位失效	检查安装准确度，减少管道拉力
		轴承轴向定位不佳	检查修复轴承，并保证游隙
3	温度过高	油箱内油太多、太稠、太脏	降低油位或换油
		过滤器或消声器堵塞	清除堵物
		压力高于规定值	降低通过鼓风机的压差
		叶轮过度磨损，间隙大	修复间隙
		通风不好，室内温度高，造成进口温度高	开设通风口，降低室温
		运转速度太低，皮带打滑	加大转速，防止皮带打滑
4	流量不足	进口过滤堵塞	清除过滤器的灰尘和堵塞物
		叶轮磨损，间隙增大得太多	修复间隙
		皮带打滑	拉紧皮带并增加根数
		进口压力损失大	调整进口压力达到规定值
		管道造成通风泄漏	检查并修复管道
5	漏油或油泄漏到机壳中	油箱位太高，由排油口漏出	降低油位
		密封磨损，造成轴端漏油	更换密封
		墙板和油箱的通风口堵塞，造成油泄漏到机壳中	疏通通风口，中间腔装上具有2mm孔径的旋塞，打开墙板下的旋塞
6	异常振动和噪声	滚动轴承游隙超过规定值或轴承座磨损	更换轴承或轴承座
		齿轮侧隙过大，不对中，固定不紧	重装齿轮并确保侧隙
		由于外来物和灰尘造成叶轮与叶轮，叶轮与机壳撞击	清洗鼓风机，检查机壳是否损坏

序号	故障表现	原 因 分 析	排 除 方 法
6	异常振动和噪声	由于过载、轴变形造成叶轮碰撞	检查背压，检查叶轮是否对中，并调整好间隙
		由于过热造成叶轮与机壳进口处摩擦	检查过滤器及背压，加大叶轮与机壳进口处间隙
		由于积垢或异物使叶轮失去平衡	清洗叶轮与机壳，确保叶轮工作间隙
		地脚螺栓及其他紧固件松动	拧紧地脚螺栓并调平底座
7	电机超载	与规定压力相比，压差大，即背压或进口压力大高	降低压力到规定值
		与设备要求的流量相比，风机流量太大，因而压力增大	将多余气体排放到大气中或降低鼓风机转速
		进口过滤堵塞，出口管道障碍或堵塞	清除障碍物
		转动部件相碰和摩擦（卡住）	立即停机，检查原因
		油位太高	将油位调到正确位置
		窄 V 型皮带过热，振动过大，皮带轮过小	检查皮带张力，换成大直径的皮带轮

70. 离心风机的组成及工作原理是什么？

答：离心风机主要由叶轮和机壳组成，小型风机的叶轮直接装在电动机上，中、大型风机通过联轴器或皮带轮与电动机联接。离心风机一般为单侧进气，用单级叶轮；流量大的可双侧进气，用两个背靠背的叶轮，又称为双吸式离心风机。

（1）叶轮是风机的主要部件，是产生风压和传递能量的主要做功部件；它的几何形状、尺寸、叶片数目和制造精度对性能有很大影响。叶轮经静平衡或动平衡校正，才能保证风机平稳地转动。按叶片出口方向的不同，叶轮分为前向、径向和后向三种形式。前向叶轮的叶片顶部向叶轮旋转方向倾斜；径向叶轮的叶片顶部是向径向倾斜的，又分直叶片式和曲线型叶片；后向叶轮的叶片顶部向叶轮旋转的反向倾斜。

前向叶轮产生的压力最大，在流量和转数一定时，所需叶轮直径最小，但效率一般较低；后向叶轮相反，所产生的压力最小，所需叶轮直径最大，而效率一般较高；径向叶轮介于两者之间。叶片的型线以直叶片最简单，机翼型叶片最复杂。

为了使叶片表面有合适的速度分布，一般采用曲线形叶片，如等厚度圆弧叶片。叶轮通常都有盖盘，以增加叶轮的强度和减少叶片与机壳间的气体泄漏。叶片与盖盘的联接采用焊接或铆接。焊接叶轮的重量较轻，流道光滑。低、中压小型离心风机的叶轮也有采用铝合金铸造的。

（2）机壳主要用来引入气体和排出气体，同时将气体的部分动能变为压力能。

离心式风机是根据动能转换为势能的原理，利用高速旋转的叶轮将气体加速，然后减速、改变流向，使动能转换成势能（压力）。在单级离心式风机中，气体从轴向进入叶轮，气体流经叶轮时改变成径向，然后进入扩压器。在扩压器中，气体改变了流动方向造成减速，这种减速作用将动能转换成压力能。压力增高主要发生在叶轮中，其次发生在扩压过程中。在多级离心式风机中，用回流器使气流进入下一叶轮，以产生更高压力。

离心风机叶片之间的气体在叶轮旋转时，受到离心力作用获得动能（动压头）从叶轮周边排出，经过蜗壳状机壳的导向，使之向风机出口流动，从而在叶轮中心部位形成负压，使外部气流源源不断流入补充，从而使风机能排出气体。

71. 离心风机的性能特点是什么?

答: 离心风机的工作原理与透平压缩机基本相同，只是由于气体流速较低，压力变化不大，一般不需要考虑气体比容的变化，即把气体作为不可压缩流体处理。

离心式风机实质上是一种变流量恒压装置。当转速一定时，离心式风机的压力-流量理论曲线应是一条直线。由于内部损失，实际特性曲线是弯曲的（图 4-5）。离心式风机中所产生的压力受到进气温度或密度变化的影响较大。对一个给定的进气量，最高进气温度（空气密度最低）时产生的压力最低。对于一条给定

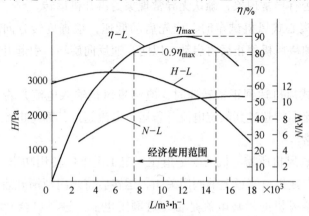

图 4-5　离心风机性能曲线简图

的压力与流量特性曲线相对应，就有一条功率与流量特性曲线相对应。当鼓风机以恒速运行时，对于一个给定的流量，所需的功率随进气温度的降低而升高。

电动机通过传动轴把动力传递给风机叶轮，叶轮旋转把能量传递给空气，在旋转的作用下空气产生离心力，空气沿风机叶轮的叶片向周围扩散。此时，风机叶轮越大，空气所接受的能量越大，也就是风机的压头（风压）越大。如果将大的叶轮割小，不会影响风量，只会减小风压。

离心式风机可制成右旋和左旋两种形式。从电动机一侧正视，叶轮顺时针旋转，称为右旋转风机；逆时针旋转，称为左旋。

72. 离心风机的调试应注意哪些问题？

答：离心式风机构造复杂，其结构主要由进风口、风阀、叶轮、电机和出风口组成。在不同的状态下，离心式风机的效果也不相同。因此，各部件运行状况不同时，离心式风机的性能会受到影响。将离心式风机调试至最佳状态，可以从多个方面入手：

（1）离心式风机允许全压启动或降压电动，但应注意，全压启动时的电流为5~7倍的额定电流，降压启动转矩与电压平方成正比。当电网容量不足时，应采用降压启动。

（2）离心式风机在试车前，应认真阅读产品说明书，检查接线方法是否同接线图相符；应认真检查供给风机电源的工作电压是否符合要求，电源是否缺相或同相位，所配电器元件的容量是否符合要求。

（3）试车时，各专业人员必须到场，发现异常现象立即停机检查。首先检查旋转方向是否正确；离心式风机开始运转后，应立即检查各相运转电流是否平衡、电流是否超过额定电流；若有不正常现象，应停机检查。运转五分钟后，停机检查风机是否有异常现象，确认无异常现象后再开机运转。

（4）双速离心式风机试车时，应先启动低速，检查旋转方向是否正确；启动高速时，必须待风机静止后再启动，以防高速反向旋转，引起开关跳闸及电动机受损。

（5）离心式风机达到正常转速时，应测量风机输入电流是否正常，离心式风机的运行电流不能超过其额定电流。若运行电流超过其额定电流，应检查供给的电压是否正常。

（6）离心式风机所需电机功率是指在一定工况下的使用功率。风机试车时，最好将风机进口或出口管道上的阀门关闭，运转后将阀门渐渐开启，达到所需工况为止，并注意风机的运转电流是否超过额定电流。进风口全开时所需功率较大。若进风口全开进行运转，则电动机有损坏的危险。

73. 离心风机常见故障及解决方法有哪些?

答: 离心风机常见故障及解决方法见表4-8。

表4-8　离心风机常见故障及解决方法

序号	故障现象	故 障 原 因	解 决 方 法
1	转子不平衡引起的振动	离心式风机叶片被腐蚀或磨损严重	修理或更换
		风机叶片总装后不运转、由于叶轮和主轴本身重量、使轴弯曲	重新检修, 总装后如长期不用应定期盘车以防止轴弯曲
		叶轮表面不均匀的附着物, 如铁锈、积灰或沥青等	清除附着物
		运输、安装或其他原因, 造成叶轮变形, 引起叶轮失去平衡	修复叶轮, 重新做动静平衡试验
		叶轮上的平衡块脱落或检修后未找平衡	找平衡
2	固定件引起共振	水泥基础太轻或灌浆不良或平面尺寸过小, 引起风机基础与地基脱节, 地脚螺栓松动, 机座连接不牢固, 使其基础刚度不够	加固基础或重新灌浆, 紧固螺母
		风机底座或蜗壳刚度过低	加强其刚度
		与风机连接的进出口管道未加支撑和软连接	加支撑和软联接
		邻近设施与风机的基础过近, 或其刚度过小	增加刚度
3	轴承过热	离心式风机主轴或主轴上的部件与轴承箱摩擦	检查哪个部位摩擦, 然后加以处理
		电机轴与风机轴不同心, 使轴承箱内的内滚动轴承别动	调整两轴同心度
		轴承箱体内润滑脂过多	箱内润滑脂为箱体空间的1/3~1/2
		轴承与轴承箱孔之间有间隙而松动, 轴承箱的螺栓过紧或过松	调整螺栓
4	轴承磨损	离心式风机滚动轴承滚珠表面出现麻点、斑点、锈痕及起皮现象	修理或更换
		筒式轴承内圆与滚动轴承外圆间隙超过 0.1mm	应更换轴承或将箱内圆加大后镶入内套

序号	故障现象	故障原因	解决方法
5	润滑系统故障	油泵轴承孔与齿轮轴间的间隙过小，外壳内孔与齿轮间的径向间隙过小	检修，使之间隙达到工作要求
		齿轮端面与轴承端面和侧盖端面的间隙过小	调整间隙
		润滑油质量不良，黏度大小不合适或水分过多	更换离心式风机润滑油
6	风量降低	转速降低	检查电源电压
		管路堵塞	疏通清理管路
		密封泄漏	修理或更换密封
7	风压降低	系统阻力过大	修正系统的设计，使之更合理
		介质密度有变化	对进口的叶片进行调整
		叶轮变形或损坏	更换损坏的叶轮
8	振动	基础不牢、下沉或变形	修复并加固基础
		主轴弯曲变形	更换主轴
		出口阀开度太小	对阀门进行适当调整
		对中找正不好	重新找正
		转子不平衡	对转子作动平衡或更换
		管路振动	加固管路或调整配管
9	轴承温度高	轴承损坏	更换轴承
		润滑油或润滑油脂选型不对	重新选型并更换合适的油品
		润滑油位过高或缺油	调整油位
		冷却水量不够	增加冷却水量
		电机和风机不同一中心线	找径向、轴向水平
		转子振动	对转子找平衡

74. 罗茨风机与离心风机的区别有哪些?

答：罗茨风机与离心风机的区别如下：

（1）工作原理不同。离心风机用的是曲线风叶，靠离心力将气体甩到机壳处，而罗茨风机用的是两个 8 字形的风叶，它们之间的间隙很小，靠两个叶片的挤压，将气体挤至出气口。

（2）由于工作原理不同，一般它们的工作压力不同。罗茨风机的出气压力比较高，而离心风机比较低。

（3）风量不同。一般罗茨风机用在风量要求不大但压力要求较高的地方，而离心风机用在压力要求低而风量要求大的地方。

（4）制造精度不同。罗茨风机要求的精度很高，对装配的要求也很严，而离心风机的要求比较松。

（5）因为离心风机属于平方转矩特性，而罗茨风机基本属于恒转矩特性，所以在风机选型中，一般须遵循下述原则：

1）如果负载需要的是恒流量效果的情况时，就用罗茨鼓风机。因为罗茨鼓风机属于恒流量风机，工作的主参数是风量，输出的压力随管道和负载的变化而变化，风量变化很小。

2）如果负载需要的是恒压效果的情况时，就用离心风机。因为离心风机属于恒压风机，工作的主参数是风压，输出的风量随管道和负载的变化而变化，风压变化不大。

75. 空气压缩机一般有哪几种，如何分类？

答：空气压缩机（air compressor）是气源装置中的主体，它是将原动机（通常是电动机）的机械能转换成气体压力能的装置，是压缩空气的气压发生装置。空压机按不同标准可以作如下分类：

（1）按工作原理可分为三大类：容积型、动力型（速度型或透平型）、热力型压缩机。

（2）按润滑方式可分为：无油空压机和机油润滑空压机。

（3）按性能可分为：低噪声、可变频、防爆等空压机。

（4）按用途可分为：冰箱压缩机、空调压缩机、制冷压缩机、油田用压缩机，天然气加气站用、凿岩机用、风动工具用、车辆制动用、门窗启闭用、纺织机械用、轮胎充气用、塑料机械用压缩机，矿用压缩机、船用压缩机、医用压缩机、喷砂喷漆用压缩机。

（5）按形式可分为：固定式、移动式、封闭式。

76. 空气压缩机组主要辅助系统有哪些分系统？

答：空气压缩机组主要辅助系统有以下分系统：

（1）油循环系统。油泵控制系统启动后保证空压机各润滑部件润滑良好，同时油泵控制系统可通过内置的温控阀来调节内部油压和油温，以满足系统需要。

（2）气路循环系统（以二级压缩为例）。压缩机工作时，空气经过空气过滤器被吸入，经过一级压缩后的气体经中间冷却器进行冷却后，进入二级压缩系统，然后经过排气消声器进入一级后冷器、二级后冷器，再进入排气主管道。

（3）水路循环系统（以二级压缩为例）。冷却水通过管道进入空压机中间冷却器，对一级压缩排出的气体进行冷却降温，再进入后冷器对排气进行冷却；另一路冷却水对油冷却器进行冷却。

77. 空压机安装需考虑的外围因素有哪些？

答：空压机安装时需考虑以下外围因素：

（1）空压机安装时，须宽阔采光良好的场所，以利操作与检修；同时，空气压缩机应停放在远离蒸汽、煤气迷漫和粉尘飞扬的场所。

（2）空压机安装位置的空气的相对湿度宜低且通风良好。

（3）空压机安装时，环境温度须低于40℃。因为环境温度越高，则空压机之输出空气量越少。

（4）如果工厂环境较差，灰尘多，须加装前置过滤设备。

（5）预留通路，具备条件者可装设天车，以利维修保养空压机设备。

（6）预留保养空间，空压机与墙之间至少须有70cm以上距离。

（7）空压机离顶端空间距离至少1m以上。

78. 空压机的使用注意事项有哪些？

答：使用空压机应注意以下事项：

（1）在空压机操作前，应该注意以下几个问题：

1）保持油池中润滑油在标尺范围内，空压机操作前，应检查注油器内的油量不应低于刻度线值。

2）检查各运动部位是否灵活，各联接部位是否紧固，润滑系统是否正常，电机及电器控制设备是否安全可靠。

3）空压机操作前应检查防护装置及安全附件是否完好齐全。

4）检查排气管路是否畅通。

5）接通水源，打开各进水阀，使冷却水畅通。

6）空气压缩机启动前，按规定做好检查和准备工作，注意打开贮气罐的所有阀门。

7）空压机必须在无载荷状态下启动，待空载运转情况正常后，再逐步使空气压缩机进入负荷运转。

（2）空压机操作时应注意长期停用后首次启动前，必须盘车检查，注意有无撞击、卡住或响声异常等现象。

（3）空气压缩机运转过程中，随时注意仪表读数（特别是气压表的读数），倾听各部音响。如发现异常情况，应立即停机检查。

（4）空压机操作中，还应注意下列情况：

1）电动机温度是否正常，各电表读数是否在规定的范围内。

2）各机件运行声音是否正常。

3）吸气阀盖是否发热，阀的声音是否正常。

4）空压机各种安全防护设备是否可靠。

5）空压机操作 2h 后，需将油水分离器、中间冷却器、后冷却器内的油水排放一次，储风桶内油水每班排放一次。

6）搞好机器的清洁工作，空压机长期运转后，禁止用冷水冲洗。

7）空气压缩机停机时应逐渐开启贮气罐的排气阀，缓慢降压。冬季温度低于 5℃，停机后应放尽未掺加防冻液的冷却水。

8）在清扫散热片时，不得用燃烧方法清除管道油污。清洗、紧固等保养工作必须在停机后进行。

9）定期（每周）对贮气罐安全阀进行一次手动排气试验，保证安全阀的安全有效性。

10）经常保持贮存罐外部的清洁。禁止在贮气罐附近进行焊接或热加工。贮气罐每年应作水压试验一次，试验压力应为工作压力 1.5 倍。气压表、安全阀应每年做一次检验。

（5）空压机操作中发现下列情况时，应立即停机，查明原因，并予以排除。

1）润滑油中断或冷却水中断。

2）水温突然升高或下降。

3）排气压力突然升高，安全阀失灵。

79. 什么是空气压缩机的排气量？

答：空压机排气量是指空压机单位时间内排出的、换算为吸气状态下的空气体积。

80. 空压机排气量受哪些因素影响？

答：空压机排气量受以下因素影响：

（1）泄漏。空压机转子与转子之间及转子与外壳之间在运转时是不接触的，会有一定的间隙，因此就会产生气体泄漏。

（2）转速。空压机的排气量与转速成正比。而转速往往会随电网的电压、频率而变化。

（3）吸气状态。一般的容积型空压机，吸气体积不变。当吸气温度升高，或吸气管路阻力过大而使吸入压力降低时，气体的密度减小，相应地会减少气体的质量排气量。

（4）冷却效果。气体在压缩过程中温度会升高，空压机转子与机壳的温度也相应升高，所以在吸气过程中，气体因受到转子和机壳的加热而膨胀，相应地会减少吸气量。

81. 如何提高空压机排气量？

答： 提高空压机排气量也就是提高输出系数，通常采用如下方法：

（1）必要时，清理气缸和其他机件；

（2）正确选择余隙容积的大小；

（3）采用先进的冷却系统；

（4）保持活塞环的严密性；

（5）减少气体吸入时的阻力；

（6）保持气阀和填料箱的严密性；

（7）保持吸气阀和排气阀的灵敏度；

（8）应吸入较干燥和较冷的气体；

（9）适当提高空压机的转速；

（10）保持输出管路、气阀、储气罐和冷却器的严密性。

82. 螺杆式空压机检修维护内容和标准有哪些？

答： 螺杆式空压机检修维护内容和标准如下：

（1）检修内容

1）小修

① 检查紧固各部位螺栓；

② 检查或更换机械密封；

③ 清洗检查油冷器；

④ 清洗油过滤器；

⑤ 清洗压缩机进口过滤网；

⑥ 检查电气、仪表设备的自保动作；

⑦ 检查压力、温度继电器的动作；

⑧ 冷冻机检查能量调节装置的动作灵敏情况；

⑨ 检查螺杆压缩机组同步齿轮磨损情况及啮合侧隙；

⑩ 校核联轴器的对中情况；

⑪ 油泵的检查或检修，参照泵的检修规程执行。

2）大修

① 包括小修项目；

② 压缩机组解体检修；

③ 测量阴阳转子轴颈径向圆跳动，必要时进行转子动平衡校正；

④ 测量阴阳转子与壳体之间的径向间隙、滑阀与机体的径向间隙；

⑤ 测量阴阳转子啮合线处间隙；

⑥ 测量同步齿轮啮合线处间隙；

⑦ 测量转子排气端面与排气端座、吸气端面与吸气端座之间的间隙；

⑧ 测量平衡活塞与平衡活塞套、油活塞与油缸间的间隙；

⑨ 测量轴承护圈与推力轴承外围端面的间隙；

⑩ 测量滑动轴承间隙；

⑪ 测量螺杆轴向窜动及转子外圆与气缸体间隙（石油气螺杆机）；

⑫ 检查机体内表面、滑阀表面、转子表面、两端及吸排气端座磨损情况；

⑬ 测量机体内径、滑阀外径、转子外圆、平衡活塞等各部尺寸；

⑭ 检查更换滚动及滑动轴承。

（2）设备完好标准及检修质量标准

1）设备完好标准

① 主辅机的零、部件完整齐全，质量符合要求；

② 仪表联锁及各种安全装置齐全完整、灵敏、可靠；

③ 基础稳固可靠，地脚螺栓连接齐全、紧固；每组螺栓规格统一，螺纹外漏 1~3 扣；

④ 无异常震动和松动、杂音等现象；

⑤ 设备档案、检修及验收记录齐全，填写及时准确；

⑥ 设备运转时间有记录；

⑦ 设备易损件有图样；

⑧ 设备操作规程、维护检修规程齐全；

⑨ 设备清洁、表面无灰尘、油垢；

⑩ 基础及周围环境清洁；

⑪ 检设备及管线、阀门无泄漏；

2）检修质量标准

① 机身纵、横向水平度为 0.05mm/m；

② 机身主轴承与电机外伸到轴承座孔中心线同轴度为 0.03mm；

③ 基础要完整坚实，不得有裂纹、破损，如有裂纹，必须重新处理；

④ 基础的垫铁必须按规定制作，表面必须机加工，斜度 3°~5°，其重叠数不许超过 3 块，每叠必须焊死；

⑤ 地脚螺钉必须牢固，不得有松动现象；

⑥ 机体油箱对口处封闭要严密，不得漏油，渗油现象。

83. 往复式活塞空压机检修维护内容和标准有哪些？

答：往复式活塞空压机检修维护内容和标准如下：

（1）检修内容

① 检修、紧固各部位螺栓；

② 检查、紧固十字头销；

③ 检查、清洗气阀或更换阀片、阀座、弹簧等部件；

④ 检查或更换密封函填料圈；

⑤ 检查注油器、循环油止回阀、油过滤器、油冷管、油管等，清除缺陷；

⑥ 清洗气缸冷却水夹套；

⑦ 清洗水冷器及冷却水管路、水表等；

⑧ 检查或更换活塞、活塞环、导向环及活塞杆；

⑨ 检查、刮研或更换连杆大、小头轴瓦并调整、测量、记录间隙；

⑩ 检查或更换主轴承，并调整间隙；

⑪ 检查或更换连杆螺栓；

⑫ 检查十字头瓦、滑道并测量、记录间隙；

⑬ 检查、调整各级气缸的磨损程度；

⑭ 安全阀清洗，送专业单位报检；

⑮ 检查、修理或更换压力表、温度计（由仪表负责）；

⑯ 检查齿轮循环油泵、油路，清洗油箱，清洗过滤器，更换润滑油；

⑰ 检查、清理空气过滤器；

⑱ 检查修理曲轴、连杆、连杆螺栓、十字头、十字头销、必要时更换；

⑲ 检查、测量、记录活塞与气缸径向间隙，间隙过大时更换气缸套；

⑳ 检查、测量、记录曲轴与机身水平度、垂直度；

㉑ 检查修理冷却器、油水分离器，压力容器须经专业部门检测；

㉒ 检查、更换腐蚀的管线及出入口切断阀；

㉓ 清除其他缺陷；

㉔ 对主辅机进行防腐处理。

（2）设备完好标准

① 主副机的零部件完整齐全，质量符合要求；

② 电器、仪表和各种安全装置、自动调节装置完整，灵敏准确；

③ 基础、机座稳固可靠，地脚螺栓连接齐全、紧固，每组螺栓规格统一，螺栓外露 1~3 扣；

④ 管线、管件、阀门、支架等安装合理，牢固完整，标志分明；

⑤ 防腐、保温、防冻设施完整，有效；

⑥ 设备润滑良好，润滑系统畅通，油质符合要求，实行"五定"、"三级过滤"；

⑦ 无异常振动和松动、杂音等现象；

⑧ 各部温度、压力、流量、电流等运行参数符合规定要求；

⑨ 生产能力达到铭牌标定或设定能力；

⑩ 设备清洁、表面无灰尘、油垢；

⑪ 基础周围环境整洁；

⑫ 设备及管线、阀门等无泄漏；

⑬ 技术资料齐全准确，应具有设备履历卡片、检修及验收记录、运行及缺陷记录和易损配件图纸等。

第5章 焦炉的烘炉与开工

1. 热回收焦炉对耐火材料的要求有哪些？

答：热回收焦炉对耐火材料的要求与常规焦炉基本一致。

（1）在焦炉生产的高温条件下，能承受一定压力和机械负荷，保持一定的体积稳定性。

（2）在高温下有较好的导热性能。

（3）在生产条件下能适应温度正常变化而不破损。

（4）具有抵抗灰渣和煤高温干馏的化学侵蚀作用。

（5）具有一定的耐磨性。

2. 砌筑热回收焦炉的主要耐火材料有哪些？

答：砌筑热回收焦炉用的耐火材料有硅砖、黏土砖、高铝砖、隔热砖和耐热混凝砖。为了强化炼焦炉的生产，还可选用高密度硅砖、镁砖与炭化硅砖等。

3. 焦炉用耐火材料的主要性能有哪些？

答：焦炉用耐火材料的主要性能有以下内容：

（1）气孔率。耐火制品中的气孔包括开口与闭口气孔。气孔率是指与大气相通的显气孔的体积与制品总体积的百分比，又称显气孔率。气孔率愈小，导热性能愈好，耐压强度愈高，但抗急冷急热性能较差。

（2）体积密度与真密度。体积密度是包括全部气孔在内的每立方米砖的质量数，并且计算真密度时的砖样体积只包括岩石部分。由于不同晶形石英的真密度是不一样的，因此，通过砖的真密度可了解其烧成情况。烧成较好的硅砖，真密度越小。

（3）常温耐压强度。制品在常温下单位面积所能承受的最大压力，称常温耐压强度。结构均匀致密，烧成良好的制品，具有较高的常温耐压强度。

（4）热膨胀性。通常用一定温度范围内的平均线膨胀率来表示。

（5）导热性。指耐火制品传递热量的性能。气孔率低、结构致密的砖，导热性能好。晶体结构比玻璃质的导热性能好。硅砖与黏土砖等大多数耐火制品的导热系数，随温度升高而递增，也有少数耐火制品的导热系数反而随温度升高而递减。

（6）耐火度。表示耐火制品在高温下抵抗软化的性能。指耐火锥试样顶部弯倒并接触到底盘侧面时的温度。

（7）荷重软化温度。表示耐火制品在一定负荷下，抵抗温度的能力。荷重软化温度是试样在一定压力下，以一定的升温速度加热，随温度升高不断产生变形。当试样的最大高度降 0.6% 时的温度，即为荷重软化温度。它与耐火制品的化学性质，结晶构造特征，玻璃相在一定温度下的黏度，晶相与玻璃相的相对比例，烧成温度以及黏度组成有关。

（8）高温体积稳定性。表示耐火制品在高温下长期使用时，体积发生不可逆变化的性能，通常以残余膨胀来表示耐火制品的体积稳定性。其具体指标为：耐火制品在一定温度下，加热一定时间，自然冷却后，测量其体积变化。该值与原体积的百分比，称为残余膨胀。

（9）热稳定性。指制品抵抗温度急变而不损坏的能力。测试方法是将试样的一半放入加热炉中，另一半在炉外，加热至 850℃ 时保温 40min，而后放入流动的冷却水中急冷。如此反复进行，当其中损坏脱落部分的质量达到原试样质量 20% 时的热震次数。它与制品的膨胀系数大小，制品内部温度分布不均匀性，制品的形状及尺寸有密切关系。

（10）抗侵蚀性。耐火制品在高温下抵抗熔渣，炉料分解产物的化学及物理作用的性能。影响抗侵蚀性的主要因素有：制品与熔渣的化学组成、工作温度、炉料分解产物的性质以及制品的致密度等。

4. 硅砖有哪些主要性质？

答： 硅砖的主要特点：二氧化硅含量在 93% 以上的耐火砖称硅砖，导热性能强，荷重软化温度高，一般在 1620℃ 以上，仅比其耐火度低 70~80℃。它的导热性随工作温度升高而增大，没有残余收缩，是大中型焦炉重要部位的理想耐火材料。其理化指标见表 5-1。

表 5-1　硅砖的理化指标

项　目	指　标	
	炉底、炉壁	其　他
$w(SiO_2)$/%	不低于	94
0.2MPa 荷重软化开始温度/℃	不低于	1650℃
加热永久线性变化/%（1450℃×2h）		0~0.2
显气孔率/%	不大于	22（23）　24
常温耐压强度/MPa	不大于	30　25
真密度/g·cm⁻³	不大于	2.34　2.35
热膨胀率/%（1000℃）	不大于	1.28　1.30

注意：当工作温度低于600～700℃时，硅砖的体积变化较大，抗热震性能较差，热稳定性也差。因此，硅砖砌筑的焦炉严禁长期在此温度以下运行。

5. 黏土砖有哪些主要性质？

答：黏土砖主要性质有以下内容：

（1）黏土砖是指 Al_2O_3 含量为30%～40%硅酸铝材料的黏土质制品。黏土砖是用50%的软质黏土和50%硬质黏土熟料，按一定的粒度要求进行配料，经成型、干燥后，在1300～1400℃的高温下烧成。黏土砖的矿物组成主要是高岭石（$Al_2O_3 \cdot 2SiO_2 \cdot 2H_2O$）和6%～7%的杂质（钾、钠、钙、钛、铁的氧化物）。黏土砖的烧成过程，主要是高岭石不断失水分解生成莫来石（$3Al_2O_3 \cdot 2SiO_2$）结晶的过程。

（2）黏土砖中的 SiO_2 和 Al_2O_3 在烧成过程中与杂质形成共晶低熔点的硅酸盐，包围在莫来石结晶周围。黏土砖属于弱酸性耐火制品，能抵抗酸性熔渣和酸性气体的侵蚀，对碱性物质的抵抗能力稍差。黏土砖的热性能好，耐热震。黏土砖的耐火度与硅砖不相上下，高达1690～1730℃，但荷重软化温度却比硅砖低200℃以上。因为黏土砖中除含有高耐火度的莫来石结晶外，还含有接近一半的低熔点非晶质玻璃相。

（3）在0～1000℃的温度范围内，黏土砖的体积随着温度升高而均匀膨胀，线膨胀曲线近似于一条直线，线膨胀率为0.6%～0.7%，只有硅砖的一半左右。当温度达1200℃后再继续升温时，其体积将由膨胀最大值开始收缩。黏土砖的残余收缩导致砌体灰缝的松裂，这是黏土砖的一大缺点。当温度超过1200℃后，黏土砖中的低熔点物逐渐熔化，因颗粒受表面张力作用而互相靠得很紧，从而产生体积收缩。

（4）由于黏土砖的荷重软化温度低，在高温下产生收缩，导热性能比硅砖小15%～20%，机械强度也比硅砖差，所以，黏土砖只能用于焦炉的次要部位，如拱顶衬砖、四联拱封墙、底部、烟道衬砖等。其理化指标见表5-2。

表5-2　黏土砖的理化指标

项　目		指　　标							
		N-1	N-2a	N-2b	N-3a	N-3b	N-4	N-5	N-6
耐火度/℃（≥）		1750	1730	1730	1710	1710	1690	1670	1580
0.2MPa 荷软开始温度/℃（≥）		1400	1350		1320		1300		
重烧线变化/%	1400℃2h	+0.1 -0.4	+0.1 -0.5	+0.2 -0.5					
	1350℃2h				+0.2 -0.5	+0.2 -0.5	+0.2 -0.5	+0.2 -0.5	

续表 5-2

项　目	指　标							
	N-1	N-2a	N-2b	N-3a	N-3b	N-4	N-5	N-6
显气孔率/%（≤）	22	24	26	24	26	24	26	28
常温耐压强度/MPa（≥）	300	250	200	200	250	200	150	150
热震稳定性次数	N-2b N-3b 必须进行此项检验							

6. 我国焦炉常用的硅火泥和黏土火泥等技术指标有哪些？

答：我国砌筑焦炉常用的硅火泥和黏土火泥，其技术指标见表 5-3。

表 5-3　我国砌筑焦炉常用的硅火泥和黏土火泥技术指标

硅火泥指标	GF-93	GF-90	GF-85
$w(SiO_2)$/%	>93	93~90	85~90
耐火度/℃	>1690	1650~1690	1580~1650
使用温度/℃	>1500	1350~1500	1000~1300
焦炉使用部位		上升下降火道	炭化室顶、四联拱
粒度规定		1mm 以上的不大于 3%，小于 0.2mm 的不小于 80%	
黏土火泥指标	牌号及数值		
	NF-40	NF-38	NF-34	NF-28
耐火度/℃（≥）	1730	1690	1650	1580
水分/%（≤）	6	6	6	6

黏土火泥的使用温度一般均低于 1000℃，它除用于砌筑黏土砖部位外，还大量用于修补焦炉。

7. 热回收焦炉各部位应使用哪些耐火材料？

答：热回收焦炉各部位使用的耐火材料如下所列：

焦炉基础底板：黏土砖、隔热保温砖、红砖；

四联拱：硅砖、黏土砖；

二次配风孔：黏土砖；

炭化室：硅砖、高铝砖；

炭化室拱顶：硅砖、高铝砖、黏土砖、隔热保温砖、缸砖；

一次配风孔：黏土砖；

上升管：莫来石砖、黏土砖。

8. 热回收焦炉为什么要进行烘炉？

答： 由于热回收焦炉 QRD-2000 与 QRD-2005 型的炉体砌筑耐火材料大部分都用硅砖砌筑而成，而硅砖受热产生晶体转化并伴随大的体积变化，尤其是100~300℃是砌体膨胀剧烈的阶段，因此要避免升温过快或温差不均匀而造成砌体破裂，使砌体有缝，破坏焦炉的严密性和炉体结构的强度，直接影响炉体使用寿命。生产前必须先烘炉，否则会给焦化企业造成极大损失。

9. 如何确定烘炉燃料，其燃料各有什么优缺点？

答： 烘炉燃料有固体（如煤等）、液体（如燃料油、废油）、气体（如天然气、液化气、高炉煤气、发生炉煤气、焦炉煤气等）。在实际使用时可采用全固体、全液体、全气体燃料烘炉，也可以用不同燃料搭配使用。有条件时，尽可能采用气体燃料烘炉。

烘炉燃料热值应稳定。对于固体燃料，要求灰分低，灰分熔点高（高于1400℃），最好选择高挥发分、低黏结性的煤。尤其是内部炉灶，更需要高质量块煤，其最大优点是有利于砌体水分的排出。但是固体燃料烘炉劳动强度大，温度不易控制、波动大，污染重。对于液体和气体燃料，要求便于管道输送，不堵塞管道和管件，并能连续燃烧。液体和气体燃料的优点是温度易于控制，稳定性高，但是安全操作要求高。

10. 为什么要制定焦炉烘炉升温曲线？

答： 由于烘炉过程中焦炉砌体上下部位温升应维持一定的比例，而砌体的膨胀是不均匀的，另外砌体各部位的厚薄不均造成热阻不同也使膨胀不均匀，所以，必须严格按要求进行升温，即控制每天最大的安全膨胀率和安全的上下温度比例。为此，要制定焦炉烘炉曲线和烘炉方案，严格按照烘炉方案和烘炉曲线控制升温，避免升温过快或温差不均匀而造成砌体破裂，使砌体有缝。而破坏焦炉的严密性和炉体结构的强度，保证焦炉安全投入生产。

11. 如何制定烘炉曲线？

答： QRD-2000 型焦炉主要是由硅砖砌成，在局部按照使用特点与要求采用一些高铝砖、黏土砖、隔热砖、红砖及其他耐火材料砌筑。由于烘炉期间硅砖的膨胀量比其他耐火材料大，所以升温曲线制定的依据是根据硅砖的热膨胀性质要求来确定。

（1）选取硅砖砖样测定其膨胀曲线

烘炉升温曲线是依据焦炉用硅砖代表砖样的热膨胀数据制定的。砖样选自炭化室和四联拱燃烧室两个部位。选择对焦炉纵向和横向膨胀影响较大的砖，每个部位选 3~4 个砖号，每个砖号选两块组成两套砖，一套用于制定热膨胀曲线，另一套保留备查。炭化室选择墙面砖中用量多的砖，四联拱燃烧室选择每层中用量最多的砖以及拱角砖。

（2）确定各部位温度比例

烘炉初期，四联拱燃烧室温度要控制在炭化室温度的 85% 以上。烘炉末期，四联拱燃烧室温度要控制在炭化室温度的 80% 以上。

（3）确定干燥期和最大膨胀量

根据当地气候潮湿状况，干燥期确定为 10~15 天。升温期 300℃ 以前，最大膨胀率 0.035%；300℃ 以后，最大膨胀率 0.045%。

（4）烘炉升温曲线的确定

烘炉天数除与砖样化验数值有关外，还与烘炉方式、热态工程量等有关。遇有特殊情况，可以适当地延长烘炉天数。根据砖样的膨胀率和推荐的最大日膨胀率进行计算，结合干燥期得出烘炉天数。由此可编制烘炉升温计划表，绘制出升温曲线。

12. 热回收焦炉的烘炉方案有哪些内容？

答：烘炉方案一般包括以下内容：

（1）烘炉前的准备

1）烘炉前必须完成的项目

① 烟囱全部验收合格；

② 集气管全部验收合格；

③ 各烟道闸板安装完毕，转动灵活，打好开关标记；

④ 炉体膨胀缝检查完毕，炉体内清扫干净，并有记录；

⑤ 焦炉铁件全部安装完毕，验收合格；

⑥ 机焦侧操作平台施工完毕；

⑦ 测线架安装完毕；

⑧ 装煤推焦车、接熄焦车轨道已经安装好；

⑨ 备煤、筛焦、熄焦、电气、自控、给水等安装工程满足烘炉进度安排的要求，不得延误焦炉装煤和出焦时间；

⑩ 有关工程冷态验收合格，并要做好记录；

⑪ 烘炉燃料到现场；

⑫ 烘炉工具、器具、烘炉用仪表全部准备齐全。

2）烘炉临时工程

① 机焦侧烘炉小灶、火床、封墙施工完毕。固体烘炉时，在机焦侧操作平

台下做好临时支撑；

②　气体烘炉时烘炉管道试压合格，测压管、取样管、蒸汽吹扫管、冷凝液排放管、放气管等安装齐全；

③　机焦侧防风雨棚在焦炉大棚拆除前已搭设完毕；

④　焦炉端墙临时小烟囱（高约1.8m）施工完毕；

⑤　劳动安全、防火防燃、供电照明等设施条件具备。

3）烘炉点火前的工作

①　对炭化室、上升管进行编号；

②　进行炉长、炉高、弹簧以及膨胀缝测点标记；

③　进行抵抗墙倾斜测点标记；

④　进行炉柱和保护板间隙测点标记；

⑤　将纵横拉条弹簧负荷调至预定数值；

⑥　测线架挂线标记全部画好；

⑦　将炉柱地脚螺栓放松至用手可拧紧的状态；

⑧　与炉柱膨胀有关的金属构件、管道等均应断开（烘炉膨胀结束后再连接好）；

⑨　核准纵横拉条提升高度（按设计），将纵横拉条负荷调整到规定值；

⑩　核准纵横拉条可调丝扣长度；

⑪　进行各滑动点标记；

⑫　测温、测压仪表安装完毕，并调试完毕；

⑬　编制弹簧负荷与高度对照表；

⑭　编制烘炉方案，制定出烘炉升温曲线；

⑮　烘炉人员全部到位，烘炉培训和安全教育合格；

⑯　烘炉人员熟练掌握烘炉工具、器具、仪表正确使用方法，以及必要的检修维护方法。

4）烘炉人员的组成

烘炉人员主要包括烘炉负责人、烘炉组、铁件组、热修组、仪表组、综合组等。烘炉负责人包括行政及技术负责人。烘炉组主要负责烘炉燃料等物质运输、烘炉小灶的管理，保证升温计划的实现。铁件组负责焦炉铁件的管理等工作。热修组负责膨胀热态管理及维护工作。仪表组负责烘炉温度、吸力的测量、计算和调节工作。综合组主要负责烘炉人员的后勤安全保障工作，以及小型烘炉工具、器具的维护工作。

5）烘炉用工具器具

烘炉用工具器具主要包括烘炉燃料运输和加入烘炉小灶内的工具，以及出灰的工具；铁件管理的管钳子、活扳手、各种钢尺、手锤等；热修使用的筑炉工具等；测量焦炉烘炉温度和吸力的各种温度计、压力计，以及热电偶、补偿计线等；烘炉使用的计算器以及各种记录用表格等；烘炉必需的劳保用品和生活用品；此外，还要准备必要的通讯工具。

（2）烘炉点火

1）点火前状态

点火前要彻底检查各调节翻板的开闭状态。所有烘炉前准备工作全部结束。

2）烘炉点火

首先要烘烟囱，一般情况下烟囱要烘 8~10 天，烟囱吸力达到 80~100Pa 时，开始点燃焦炉烘炉小灶。开始时焦炉机侧单数炭化室烘炉小灶点火，焦侧双数炭化室烘炉小灶点火。当炉温到 70~80℃时，点燃剩余的一半烘炉小灶。

3）各种燃料烘炉的特点

固体、气体、液体不同燃料烘炉有其不同的特点。主要体现在燃料的燃烧性能、用量、计量、操作方法及安全方面。综合考虑，气体燃料烘炉是比较好的烘炉方案。

（3）烘炉的管理

烘炉管理主要包括以下内容：

1）升温监测和管理

烘炉期间，为了使炉体各部位的温度按制定的烘炉升温曲线和速度均匀上升，防止焦炉砌体产生的裂缝，破坏砌体的严密性，要对各测温点进行严格的升温管理。QRD-2000 清洁型焦炉炭化室温度从炉顶不同的测温孔测量，四联拱燃烧室温度从机焦侧四联拱封墙测温孔测量。每 4h 测量一次。360℃以前测温误差要小于 5℃，360℃以后测温误差要小于 10℃。

烘炉期间，不允许有温度突然下降的现象产生，也不允许温度有剧烈升高的现象，烘炉时，如果上班超升，本班则应少升相应的度数或进行保温。烘炉原则上不允许降温。另外注意，燃料供给量加减后 10~15min 炉温才能反映出来。

2）吸力监测和管理

吸力监测主要为炭化室、四联拱燃烧室、集气管、烟囱等部位。炭化室、四联拱燃烧室吸力每班测一次，集气管和烟囱吸力每 2h 测一次。

有条件时，要进行废气成分分析，主要是监测空气过剩系数。空气过剩系数随焦炉炉温升高而逐渐减小，一般从 $\alpha = 1.40$ 到 $\alpha = 1.30$。

3）护炉铁件和炉体膨胀管理

① 护炉铁件及炉体膨胀监测。炉柱弯曲度测量，炉温在 700℃以上每周测两次。上下横拉条弹簧负荷测量，测量点要固定并按标记测量，每天测量一次并调到规定负荷。纵拉条弹簧负荷测量，测量点应按标记测量，每周测量两次。保护板上移量，每 25℃测量一次。另外，每 50℃要检查一次炉柱下部滑动情况，以

及上升管和集气管移动情况。

焦炉炉长的测量，炉温在 700℃ 以下每周测 2 次，炉温达到 700℃ 以上，每周测 3 次。焦炉炉高测量，每 100℃ 测 1 次，每隔一个焦炉取一个测点。焦炉四联拱膨胀缝的测量，测点固定并做标记，每 50℃ 测量一次。焦炉基础沉降量的测量，每 100℃ 测量一次，直到装煤出焦一个周期结束。

在烘炉期间，焦炉升温使硅砖晶型转化，焦炉砌体会膨胀。砌体沿炉长（炭化室长度方向）、炉高方向、炉组纵长方向膨胀。如果膨胀严重不均匀，将破坏砌体的严密性，给焦炉生产和使用寿命带来不利的影响。

② 焦炉热维修工作。由于炉体各部位温度和材料不同，烘炉过程中会产生不同程度的裂缝。如焦炉炉顶、四联拱封墙、焦炉埋设铁件周围、保护板二次灌浆、烘炉小灶等。要及时用火泥和编织石棉绳填充。此外，要安排集气管和调节翻板的热维修。

③ 烘炉记录。烘炉过程中，要对各种测量结果认真、准确记录，以便于分析、指导其后烘炉操作。同时以备查阅，装订存档。烘炉记录除以表格形式记录各种监测项目外，还有交接班日志，会议纪要等。

（4）装煤投产

当炭化室具备装煤条件时，即可按照"装煤投产方案"组织装煤投产。

13. 热回收焦炉的装煤投产方案有哪些内容？

答：投产方案主要由以下内容组成：

（1）投产具备的条件：

1）推焦装煤车与捣固站已安装完毕，并已重载试车调试完毕；

2）输煤系统安装调试完成并联动试车完毕；

3）煤塔具备装煤条件并已装煤；

4）各电力系统与通信系统已安装完毕并已通过负荷运行；

5）焦炉炉温升到焦炉投产温度；

6）投产用煤已落实并已到位；

7）焦炉温控与吸力系统已安装并投入运行；

8）投产用的工具与安全防护已落实到位；

9）投产人员已安排落实并经过安全培训；

10）投产用设备、机械已落实到位；

11）为保证进入焦炉的煤能够尽快燃烧起火，引火用木材已落实到位；

12）烘炉小灶砖堆放地点已落实到位；

13）焦炉各部位闸板、调节板安装并好用；

14）焦炉护炉铁件加到生产吨位；

15）热态工程与投产可同步进行。

（2）焦炉装煤要求：

1）装煤时烘炉温度要求；

2）装煤时铁件要求；

3）装煤时间及串序安排；

4）入炉煤要求及配煤方案。

（3）投产所需工具及设备安排。

（4）投产人员组织。

（5）投产安全操作规程。

主要结合焦炉投产操作特点，制定相关安全操作规程：

1）班长安全操作规程；

2）装煤车司机安全操作规程；

3）熄焦车安全操作规程；

4）扒封墙工安全操作规程。

（6）投产相关应急预案：

1）设备故障应急预案；

2）滑触线损坏应急预案；

3）扒封墙应急预案；

4）突然停电应急预案。

14. 热回收焦炉烘炉时的热烟气流动途径如何走向？

答：烘炉过程中热气流靠烟囱的吸力克服阻力而流经炉体各部位，为保证烟囱有足够的吸力，在炭化室小灶点火前，需先烘烤烟道与烟囱。烘炉时的热烟气流动途径如图 5-1 所示。

图 5-1　烘炉时的热烟气流动途径

15. 如何确定热回收焦炉烘炉时的各区域升温比例？

答：一般情况下，热回收焦炉烘炉时的各区域升温比例规定如下：

（1）干燥期要缓慢进行，由常温到 150℃控制在 10 天左右。

（2）300℃以前是硅砖的晶型转化期较大的阶段，炉体的膨胀占总膨胀率的

70%~78%左右，从整个线膨胀曲线看，膨胀较为激烈。因此，在300℃以前，必须严格控制昼夜膨胀率；150~300℃，昼夜膨胀率控制在小于0.03%；由150℃~350℃，升温控制在30天左右。

（3）350~600℃正值四联拱部位膨胀高峰期，所以此阶段应考虑此处膨胀问题，温度要缓慢上升。控制四联拱部位的昼夜膨胀率小于0.035%，升温时间在10天左右。

（4）600℃以上，可以快速升温，但此时必须全部完成焦炉热态工程，为了满足工程需要，此阶段可以提前50℃进行热态工程，时间控制在5昼夜左右。由于此阶段炉温较高，烘炉用燃料量较大，因此热态工程必须严格按照规定项目和日期及时进行，保质保量完成，不得拖延。

16. 如何确定烘炉干燥期和最大日膨胀率？

答： 干燥期是指从烘炉点火开始到焦炉砌体水分完全排出。干燥结束时，炭化室温度应为120~150℃左右。干燥是在保障灰缝严密性和砌体的完整性的前提下有效地排出水分。通过改变载热性气体（废气）的平均温度和流量，来调节砌体表面水分的蒸发速度。提高出口的温度是一种比较安全有效的干燥方法。

根据当地气候潮湿状况，干燥期确定为10~15天。空气过剩系数可以稍大一些，一般控制在 $\alpha = 1.30 ~ 1.40$。升温期300℃以前，最大膨胀率0.035%。300℃以后最大膨胀率0.045%。

17. 烘炉时的升温管理应注意哪些问题？

答： 烘炉期间，为了使炉体各部位的温度按制定的烘炉升温曲线和速度均匀上升，防止焦炉砌体产生裂缝，破坏砌体的严密性，要对各测温点进行严格的升温管理。

烘炉期间，不允许有温度突然下降的现象产生，也不允许温度有剧烈升高的现象，烘炉时，如果上班超升，本班则应少升相应的度数或进行保温。烘炉期间原则上不允许降温。

另外注意，燃料供给量加减后10~15min炉温才能反映出来。

18. 热回收焦炉烘炉时的点火步骤怎样安排？

答： 点火前要彻底检查各调节翻板的开闭状态。所有烘炉前准备工作全部结束。确定烘炉点火后，首先要烘烟囱，一般情况下烟囱要烘8~10天，烟囱吸力到达80~100Pa时，开始点燃焦炉烘炉小灶。开始时焦炉机侧单数炭化室烘炉小灶点火，焦侧双数炭化室烘炉小灶点火。当炉温到70~80℃时，点燃剩余的一半烘炉小灶。

19. 烘炉期间空气过剩系数如何控制?

答：空气过剩系数随焦炉炉温升高而逐渐减小，一般从 $\alpha = 1.40$ 到 $\alpha = 1.30$。

20. 热回收焦炉烘炉期间炉体各部位温度的测量项目有哪些?

答：热回收焦炉烘炉期间，主要测量炭化室温度、四联拱的温度、集气管温度、抵抗墙温度和总烟道温度。炭化室温度从炉顶不同的测温孔测量，四联拱燃烧室温度从机焦侧四联拱封墙测温孔测量，集气管温度、抵抗墙温度和总烟道温度在预留孔位置测量，每 4h 测量一次。360℃ 以前，测温误差要小于 5℃；360℃ 以后，测温误差要小于 10℃。

21. 热回收焦炉烘炉压力测量项目有哪些?

答：压力测量主要为炭化室、四联拱燃烧室、集气管、烟囱（烟道）等部位。炭化室、四联拱燃烧室吸力每班测一次，集气管和烟囱吸力每 2h 测一次。

22. 热回收焦炉的开工过程有哪些主要内容?

答：热回收捣固式机焦炉的开工过程主要包括扒封墙和拆除小灶、装煤和调整焦炉的温度和吸力。

23. 开工时如何安排装煤顺序?

答：热回收捣固式机焦炉每组焦炉孔数较少，装煤顺序采用 5-2 串序。其优点是操作紧凑，车辆运行距离短，节省动力等。

24. 何时表明热回收焦炉开工成功?

答：焦炉炭化室装入煤饼后，利用炭化室蓄存的热量和相邻两边炭化室烘炉传来的热量，将煤进行干燥并产生焦炉煤气。煤饼产生的焦炉煤气在焦炉炭化室顶部空间不完全燃烧，通过调整焦炉炉顶一次空气进口的开闭程度以及焦炉炭化室的吸力进行焦炉调火。焦炉炭化室顶部煤饼产生的煤气着火后，标志着焦炉开工已经成功。

25. 热回收焦炉新焦炉开工有哪些维护任务?

答：热回收焦炉新焦炉开工有以下维护任务需要认真完成：

（1）新焦炉开工后，要根据焦炉运行和砌筑质量情况，及时对炉墙、炭化室、炉门、拱顶、四联拱两端封墙以及下部散热通道进行全面检查，并及时采取勾缝灌浆措施和保温措施，保证炉体的密封性。

（2）加强测温点及测压点的检查和相关仪表的校验，保证测量数据的准确、稳定、可靠。

26. 新焦炉投产后如何转正常加热?

答：由于热回收焦炉的加热工艺特点，无论采取何种方式烘炉，一旦开工，应根据产品方案制定配套的配煤方案、加热制度与压力制度，按照工艺要求及时调整相关压力、温度，保证焦炭的成熟与质量。一般经过 1~3 个周转期，各项工艺指标稳定后，即可转为正常加热，亦即正常生产。

27. 新焦炉投产后如何安排生产计划?

答：焦炉投产后，要根据焦炉砌筑质量情况，设备（包括配套的安全环保设施）运行情况，制定的焦炉加热制度与压力制度的执行情况，炉温调节情况，操作人员的熟练程度，以及相关配套工序的运行情况，安排生产计划。如果存在问题，应及时维护、调整和整改，以期焦炉尽快达产。

基于热回收焦炉的结构与操作特点，一般不超过 3 个周转期即可达产。

第6章　焦炭检验与质量

1. 焦炭的取样应注意哪些问题?

答：根据 GB 1997—2008《焦炭试样的采取和制备》的规定，采样注意事项如下：

（1）焦炭样不取焦头和焦皮。

（2）水分试样采出后，应立即放入有密封盖耐腐蚀的储样桶或不渗水的其他密封容器中。

（3）装有水分试样的桶必须远离热源和避免阳光直射。试样采取后应及时制样。如果焦炭批量过大或两次运送焦炭间隔时间较长而影响测定结果，应按运焦炭时间将份样分别制成副样。以副样水分加权平均结果作为该批焦炭水分测定结果。为减少制样操作中焦炭试验水分的损失，破碎应采用机械设备，破碎和筛分总时间不得超过 15min。批量大的焦炭水分试样，操作时间超过 15min 时，可划分成若干个副样。

（4）明显潮湿的试样，经制样影响测定结果时，应将试样连同容器全部称量，然后在温暖而通风良好的房间中，将试样放在钢板上铺成薄层进行空气干燥，或在容积较大的烘箱中进行不完全干燥，自然冷却，称量容器和干燥后的试样。记录称量质量并计算质量损失百分比，同时将损失百分比注在标签上送化验室，以便校正全水分测定结果。

焦炭全水分的计算公式：$w_t = \dfrac{m - m_1}{m} \times 100\%$

式中，w_t 为焦炭试样全水分的质量分数，%；m 为干燥前焦炭试样的质量，g；m_1 为干燥后焦炭试样的质量，g。

2. 焦炭的灰分如何测定?

答：根据 GB/T 2001—2013《焦炭工业分析测定方法》，称取一定质量的焦炭试样，逐渐送入预先升至（815±10）℃的马弗炉（图 6-1）中灰化并灼烧到质量恒定，以残留物的质量占焦炭试样质量的质量分数作为焦炭的灰分含量。

焦炭的空气干燥基灰分按下式计算

$$w_{ad} = \frac{m_1}{m_2} \times 100\%$$

式中，w_{ad} 为空气干燥基灰分的质量分数，%；m_1 为称取的空气干燥基焦炭试样的质量，g；m_2 为灼烧后灰皿中残留物的质量，g。

焦炭的干基灰分按下式计算

$$w_d = \frac{w_{ad}}{100 - w_{ad}} \times 100\%$$

式中，w_d 为干基焦炭试样灰分的质量分数，%；w_{ad} 为空气干基水分的质量分数。

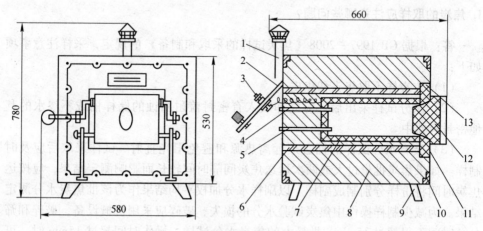

图 6-1　马弗炉

1—烟囱；2—炉后小门；3—接线柱；4—烟道瓷道；5—热电偶瓷管；6—隔层套；7—炉芯；
8—保温层；9—炉支脚；10—角钢骨架；11—铁炉壳；12—炉门；13—炉口

3. 焦炭的硫分如何测定?

答：根据 GB/T 214—2007《煤中全硫的测定方法》，称取一定质量的样品，将样品放入 1150℃ 的管式炉中灼烧。样品在催化剂作用下，在空气流中燃烧分解。试样中硫生成硫氧化物，其中二氧化硫被碘化钾溶液吸收。以电解碘化钾溶液所产生的碘进行滴定，根据电解消耗的电量计算焦炭中全硫的含量。

4. 焦炭有哪些化学成分，铸造焦和冶金焦的化学成分有何区别?

答：焦炭的化学成分主要用焦炭工业分析和焦炭元素分析方法来测定。

（1）按焦炭元素分析，焦炭成分为：炭 82%～87%，氢 1%～1.5%，氧 0.4%～0.7%，氮 0.5%～0.7%，硫 0.7%～1.0%，磷 0.01%～0.25%。

（2）按焦炭工业分析，焦炭成分为：灰分 10%～18%，硫分 0.6～1.5%，挥发分 1%～3%，固定碳 80%～85%。可燃基挥发分是焦炭成熟度的重要标志，成熟焦炭的可燃基挥发分为 0.7%～1.5%。

铸造焦和冶金焦化学成分主要区别在灰分和硫分上。根据焦炭用途，按照常规工业指标划分，冶金焦的灰分 A_d 一般大于 12%，而铸造焦一般小于 12%，特级铸造焦更是要求小于 8%；冶金焦的硫分 $S_{t,d}$ 一般在 0.6%~1.0%，而铸造焦一般要求在 0.5%~0.6%。

5. 焦炭的工业分析包括哪些内容？

答：根据 GB/T 2001—2013《焦炭工业分析测定方法》，焦炭工业分析主要包括全水分、空气干燥基水分、灰分、挥发分的测定，以及固定碳的计算。

6. 焦炭有哪些物理性质？

答：焦炭的物理性质包括：

(1) 焦炭的外观：黑色或亮灰色固体，块状，有微孔，棱角分明，不溶于水。

(2) 焦炭的真密度、视密度和气孔率。

(3) 根据气体动力学原理测量的焦炭透气性。

(4) 焦炭的热性质：包括焦炭比热容、焦炭热导率、焦炭热应力、焦炭着火温度（燃点），焦炭热膨胀系数和热收缩性，焦炭的电性质和电阻率等。

(5) 根据使用要求：焦炭粒度分布、筛分组成、焦炭平均块度和焦炭堆密度等。

焦炭的物理性质与其常温机械强度和热强度及化学性质密切相关。焦炭的主要物理性质如下：

真密度：1.80~1.95g/cm³；视密度：0.88~1.08g/cm³；气孔率为 35%~55%；

堆积密度：400~500kg/m³；

平均比热：0.808kJ/(kg·K)（100℃），1.465kJ/(kg·K)（1000℃）；

热导率：3.07W/(m·K)（常温），8.03W/(m·K)（900℃）；

着火温度（空气中）：450~650℃；

可燃基低热值：30~32kJ/g；

比表面积：0.6~0.8m²/g。

7. 什么是焦炭的真密度、视密度和气孔率？

答：焦炭真密度是指焦炭排除孔隙后单位体积的质量。焦炭真密度主要受炭化温度、结焦时间和元素组成的影响。随炭化温度的提高和焦炭挥发分的降低，焦炭的真密度相应提高。

焦炭视密度是指干燥块焦单位体积的质量。焦炭的视密度随原料煤的煤化度、装炉煤散密度、炭化温度、结焦时间的不同而变化：

$$视密度＝质量/（实体体积＋内部闭口孔隙体积）$$

焦炭的视相对密度：在20℃时，焦炭（包括焦炭的空隙）的质量与同体积水的比值，以 g/cm³ 表示。它是表征焦炭物理特性的一项指标。

测定方法有多种，常用涂蜡法（或涂凡士林法）和水银法。

涂蜡法是在焦粒的外表面上涂一层薄蜡，封住焦粒的孔隙，使介质不能进入。将涂蜡的焦粒浸入水中，用比重天平称量，根据阿基米德原理测出煤粒的外观体积，从而计算出视密度。

水银法则是将焦粒直接浸入水银介质中，因水银的表面张力很大，在常压下不能渗入焦的孔隙，焦粒排出的水银体积，即为包括孔隙在内的焦粒外观体积，进而就可计算出焦炭的视密度。

焦炭气孔率是指块焦的气孔体积与焦块体积之比，分为总气孔率和显气孔率两种。总气孔率为块焦的开口气孔与闭口气孔体积之和与总体积的比率；显气孔率系块焦的开口气孔与总体积的比率。块焦中气孔的大部分是互相贯通并通向块焦外表面的气孔，称为开口气孔；反之，少部分为闭口气孔。

8. 冶金焦和铸造焦的主要区别有哪些？

答： 冶金焦是指供高炉炼铁用的焦炭，高炉焦在高炉中起到供热、还原剂、骨架和供碳四个作用；

铸造焦是根据冲天炉熔铁对焦炭的要求而生产的专用焦，用于熔化炉料并使铁水过热，还起到支撑、料柱、保证良好透气性和供碳等作用。

9. 如何测定焦炭的转鼓强度？

答： 根据 GB/T 2006—2008 规定，焦炭机械强度的测定设备如图 6-2 所示。

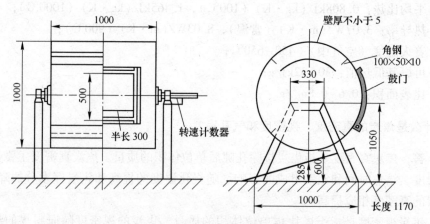

图 6-2　焦炭机械强度测定设备

（单位为毫米）

测定步骤：

（1）将试样用直径 60mm 的圆孔筛进行人工筛分，并进行手穿孔（即筛上物用手试穿过筛孔，只要在一个方向可穿过筛孔者，均做筛下物计）。筛分时，每次入筛量不超过 15kg，力求筛净，还要防止用力过猛使焦炭受撞而破碎。称取 50kg（称准至 0.1kg）筛上物（大于 60mm 的焦炭），置于待入鼓的容器内。

（2）将试样小心放入已清扫干净的鼓内，关紧鼓盖，取下转鼓摇把，开动转鼓，100 转后停鼓，静置 1~2min，使粉尘降落后，打开鼓盖，把鼓内焦炭倒出，并仔细清扫，收集鼓内鼓盖上的焦粉。

（3）将出鼓的焦炭依次用直径 40mm 和 10mm 的圆孔筛进行筛分，大于 40mm 部分必须进行手穿孔。

（4）筛分时，每次入筛量不超过 15kg，既要力求筛净，又要防止用力过猛使焦炭受撞而破碎。

（5）允许采用机械筛，但须与手筛进行对比试验，无显著性差异，方可使用。当有争议时，以手筛为准。

（6）分别称量大于 40mm、40mm~10mm 及小于 10mm 各粒级焦炭的质量（称准至 0.1kg），其总和与入鼓焦炭质量之差为损失量。当损失量不小于 0.3kg 时，该试验无效；损失量小于 0.3kg 时，则计入小于 10mm 一级中。

计算公式如下：

抗碎强度 M_{25} 或 M_{40} 按下式计算：

$$M_{25} 或 （M_{40}） = \frac{m_1}{m} \times 100$$

耐磨强度 M_{10}（%）按下式计算：

$$M_{10} = \frac{m_2}{m} \times 100$$

式中，m 为入鼓焦炭的质量，kg；m_1 为出鼓后大于 25mm 或 40mm 焦炭的质量，kg；m_2 为出鼓后小于 10mm 焦炭的质量，kg。

试验结果保留一位小数。

10. 如何测定铸造焦炭的落下强度？

答：根据国标 GB/T 4511.2—1999《焦炭落下强度测定方法》规定，测定所用设备如图 6-3 所示。

测定步骤：

（1）将一份 50kg 的试样轻轻地放进试样箱里，摊平，不要偏析。

（2）按下自动控制装置的上升开关，把试样箱提升到使箱底距落下台平面的垂直距离为 1830mm 的高度。试样箱底部的门借助台柱上的开门装置自动打

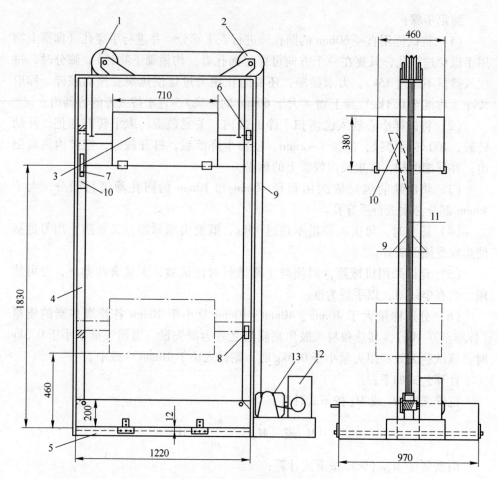

图 6-3　落下试验设备示意图

1—单滑轮；2—双滑轮；3—试样箱；4—提升支架；5—落下台；6，8—开关；7—门闩；
9—钢丝绳；10—开门装置；11—导槽；12—减速器；13—电动机

开，试样落到落下台平面上。

（3）按动自动控制装置的下降开关，试样箱降到使箱底距落下台的距离460mm 处，自动停止。人工关闭试样箱的底门，把落下台上的试样铲入试样箱内，应防止铲入时弄碎焦样。按 3 步骤连续落下 4 次。上述操作不用清扫落下台。

（4）把落下 4 次后的试样用 50mm×50mm 孔径的方孔筛进行筛分，筛分时不应用力过猛，以免将焦碰碎，使绝大部分小于筛孔的焦块通过。然后再用手穿孔，把筛上物用手试穿过筛孔，只要在一个方向可穿过筛孔者，均做筛下物计。手试通过时不能用力过猛。也可用具有同手筛同等效果的机械筛（50mm×50mm 筛孔）进行筛分。

（5）称量大于 50mm 焦炭（称准至 10g），记录，再加入所有小于 50mm 的焦炭，称量（称准至 10g）并记录。如试验后称量出的全部试样质量与试样原始质量之差超过 100g，此次试验应作废，再取备用样重新试验。

对应于 50mm 方孔筛的焦炭落下强度指数（SI_4^{50}）按下式计算：

$$SI_4^{50} = \frac{G_1}{G} \times 100$$

式中，SI_4^{50} 为焦炭落下强度指数,%；G_1 为大于 50mm 焦炭的质量，kg；G 为试验后称量出的全部试样质量，kg。

报告准确到 0.1 单位。

11. 如何测定焦炭的显气孔率?

答：焦炭显气孔率的测定方法通常有抽真空法和水煮沸法两种。

（1）抽真空法简称抽气法。即在真空条件下将焦炭孔隙内的空气抽出，然后在大气压力的作用下让水进入焦炭的空隙中。

（2）水煮沸法是将焦炭置于水中使水渗入焦炭的孔隙中。

上述两种方法在用水充满焦块孔隙以后的操作是相同的，即称出已充满水的焦块质量，然后浸入水中再称出其质量，结果按下式计算：

$$显气孔率 = \frac{m_2 - m_1}{m_2 - m_3} \times 100\%$$

式中，m_1 为干焦质量，g；m_2 为水饱和后的焦样在空气中的质量，g；m_3 为水饱和后的焦样在水中的质量，g。

测定时，必须选取一定数量有足够代表性的焦块，并且严格按照规定条件操作。水煮沸法测出的显气孔率一般比抽真空法测定值低 1%~2%。

12. 焦炭的质量指标有哪些，如何评价焦炭的质量?

答：焦炭是高温干馏的固体产物，主要成分是碳，是具有裂纹和不规则的孔孢结构体（或孔孢多孔体）。裂纹的多少直接影响到焦炭的力度和抗碎强度，其指标一般以裂纹度（指单位体积焦炭内的裂纹长度的多少）来衡量。衡量孔孢结构的指标主要用气孔率（焦炭气孔体积占总体积的百分数）来表示，它影响到焦炭的反应性和强度。不同用途的焦炭，对气孔率指标要求不同：一般冶金焦气孔率要求在 40%~45%，铸造焦要求在 35%~40%，出口焦要求在 30% 左右。

焦炭裂纹度与气孔率的高低，与炼焦所用煤种有直接关系。以气煤为主炼得的焦炭，裂纹多、气孔率高、强度低；而以焦煤作为基础煤炼得的焦炭，裂纹少、气孔率低、强度高。焦炭强度通常用抗碎强度和耐磨强度两个指标来表示。焦炭的抗碎强度是指焦炭能抵抗受外来冲击力而不沿结构的裂纹或缺陷处破碎的能力，用 M_{40} 值表示；焦炭的耐磨强度是指焦炭能抵抗外来摩擦力而不产生表面剥离形成碎屑或粉末的能力，用 M_{10} 值表示。焦炭的裂纹度影响其抗碎强度 M_{40} 值，焦炭的孔孢结构影响耐磨强度 M_{10} 值。M_{40} 和 M_{10} 值的测定方法很多，我国多采用德国米贡转鼓试验的方法。

焦炭质量的评价有以下几个方面：

（1）焦炭中的硫分：硫是生铁冶炼的有害杂质之一，它使生铁质量降低。在炼钢生铁中，硫含量大于 0.07% 即为废品。由高炉炉料带入炉内的硫有 11% 来自矿石；3.5% 来自石灰石；82.5% 来自焦炭。焦炭是炉料中硫的主要来源。焦炭硫分的高低直接影响到高炉炼铁生产。当焦炭硫分大于 1.6%，硫分每增加0.1%，焦炭使用量增加 1.8%，石灰石加入量增加 3.7%，矿石加入量增加 0.3%高炉产量降低 1.5%~2.0%。冶金焦的含硫量规定不大于 1%，大中型高炉使用的冶金焦含硫量小于 0.4%~0.7%。

（2）焦炭中的磷分：炼铁用的冶金焦含磷量应在 0.02%~0.03% 以下。

（3）焦炭中的灰分：焦炭的灰分对高炉冶炼的影响是十分显著的。焦炭灰分增加 1%，焦炭用量增加 2%~2.5%。降低焦炭灰分是十分必要的。

（4）焦炭中的挥发分：根据焦炭的挥发分含量可判断焦炭成熟度。如挥发分大于 1.5%，则表示生焦；挥发分小于 0.5%~0.7%，则表示过火，一般成熟的冶金焦挥发分为 1% 左右。

（5）焦炭中的水分：水分波动会使焦炭计量不准，从而引起炉况波动。此外，焦炭水分提高会使 M_{40} 偏高，M_{10} 偏低，给转鼓指标带来误差。

（6）焦炭的筛分组成：在高炉冶炼中焦炭的粒度也是很重要的。我国过去对焦炭粒度要求为：对大焦炉（1300~2000m²）焦炭粒度大于 40mm；中、小高炉焦炭粒度大于 25mm。但目前一些钢厂的试验表明，焦炭粒度在 40~25mm 为好。大于 80mm 的焦炭要求整粒，使其粒度范围变化不大。这样焦炭块度均一，空隙大，阻力小，炉况运行良好。

13. 焦炭的裂纹是如何形成的？

答：在焦炉炭化室内结焦过程中，由半焦的不均匀收缩产生的应力超过焦炭多孔体强度时，焦炭出现裂纹。垂直于炭化室内热流方向的焦炭裂纹称为横裂纹，平行于热流方向的称纵裂纹。这两种裂纹均严重影响焦炭的块度和焦炭转鼓强度。

焦炭裂纹形成的主要原因有下述六个方面：

（1）煤在焦炉炭化室内是层状结焦，各层的温度不同。从炉墙侧到炭化室中心之间，是各层温度逐渐降低的焦炭层、半焦层和胶质层。由于焦炭和半焦层两侧的温差使其出现弯曲的趋势，高温侧呈现拉应力，低温侧呈现压应力。在结焦过程中，随着温度的升高，焦炭和半焦层内承受着不断变化的应力，当这种应力超过多孔体强度时，便产生裂纹。

（2）在煤结焦过程的胶质体阶段，由于胶质体内不断热解出气体，加之胶质体的透气性差，胶质层内会发生膨胀。当再固化形成半焦时，由于大量气体析出而出现第一收缩峰，在 700℃ 附近出现第二收缩峰。层状结焦条件下，相邻层的膨胀、收缩差异，造成层间和层内的应力而导致裂纹的形成。

（3）当炭化室内相邻层间由于膨胀、收缩的差异产生的平行于层面的剪切应力，超过相邻层半焦多孔体间的结合强度时，会产生横裂纹。气煤的半焦层薄，多孔体强度弱，相邻层结合强度也弱，因此形成的焦炭纵裂纹多，使焦块呈条状。

（4）距炉墙不同距离的各层，由于受到加热温度、作用时间和结焦速度不同的影响，会产生收缩的内应力。当这种内应力超过本层焦炭多孔体强度时，会产生纵裂纹。肥煤形成的焦炭横裂纹比纵裂纹多。

（5）装炉煤中不同组分的收缩系数不同。结焦过程中，在不同组分的接触界面上会出现应力，并发展成裂纹。因此，装炉煤中的矿物质、焦粉、低挥发分煤等不熔融组分，是形成焦炭中网状裂纹的中心。

（6）炼焦煤中的灰分杂质颗粒为惰性体，没有熔融结合能力，其在高温炼焦过程中易形成裂纹中心点，也是造成焦炭裂纹多的重要原因。

14. 焦炭的气孔是如何形成的?

答：焦炭的气孔形成原因是：煤在炼焦过程中软化分解，产生胶质体。胶质体有一定的黏度，把热分解产生的气泡包在里面。随着热分解过程的进行，胶质体内的气体不断产生，当气体的压力达到一定程度时，一部分气体则冲破胶质体跑出来，没有跑出来的气体留在胶质体内部或表面上，便留下一个空隙。一旦胶质体固化，这些空隙便成为气孔。

15. 影响焦炭气孔率的因素有哪些?

答：焦炭的气孔率是指焦炭气孔所占的体积与焦块体积之比。它可以借测得的焦炭的真密度与假密度的值来求得：

$$气孔率 = \left(1 - \frac{假密度}{真密度} \right) \times 100\%$$

影响气孔率的因素有：

（1）胶质体多且流动性好时，胶质体内的气体不易透过，因此气孔率大。例如，气煤和肥煤所产生的气孔率比焦煤和瘦煤大。

（2）在胶质状态下，从胶质体内析出的气体越多，则气孔率就越大。例如，气煤的焦炭气孔率就比较大。

（3）焦质层的厚度越小，气体越容易透过，不容易停留在焦质层体内，所以气孔率就越小。

（4）堆密度大，气孔率小。例如，捣固装煤所产生的焦炭或型焦的气孔率就比较小。

16. 热回收焦炉生产焦炭，影响焦炭块度的因素有哪些？

答：影响焦炭块度的因素有以下几个方面：

（1）炼焦配合煤的黏结性及结焦性，是影响焦炭块度的决定性因素。

（2）炼焦过程中的温度控制对焦炭块度起重要的作用。

（3）炼焦过程中结焦速率对焦炭块度也有一定的影响。

（4）制作煤饼时捣固的密度及平滑层设置的高度等因素，也影响着焦炭块度。

（5）配煤过程中石油焦等增块剂的使用数量，也影响了铸造焦的块度。

17. 焦炭化学成分对高炉冶炼有哪些影响？

答：焦炭的化学成分包括固定碳、灰分、硫分、挥发分和水分等。除水分外，其他成分以干焦为基础计算。

（1）灰分增加对高炉冶炼的影响

灰分增加，则造渣所需熔剂增加，渣量增大，不仅多消耗焦炭，还使高炉下部透气性变坏，影响高炉正常运行和减少产量；再者，灰分增加还严重影响焦炭的耐磨性及高温强度，对高炉冶炼的影响极大。这是因为灰分的硬度比煤质大，破碎后的颗粒较粗，而在冶炼过程中又不熔融。在结焦时，灰分与固定碳之间有明显的分界面，结构强度减弱；加之灰分质点与碳素质点的膨胀系数不同，受热时，易沿界面产生裂纹；高温下灰分中的成分又被碳进行选择性还原，焦炭结构进一步疏松。这些都使焦炭的常温耐磨强度和高温耐磨、抗碎强度下降，在料与料的摩擦冲击下，产生粉末和碎焦。在灰分分布不均匀时，影响更大。根据我国高炉生产经验，焦炭灰分增加 1%，焦比升高 1.7%~2.5%，熔剂消耗增加 4%，渣量增加 3%，生铁产量降低 2.2%~3.0%，生铁成本升高 0.7%~1.0%。因此，要求焦炭灰分越低越好。目前，世界主要产钢国家高炉所用冶金焦的灰分都要求小于 10%~11%。

（2）硫、磷等有害杂质对高炉冶炼的影响

1）硫分对高炉冶炼的影响

焦炭中的硫对高炉冶炼和生铁质量的影响甚大，硫是冶炼的有害杂质之一，它使生铁焊接性、抗腐蚀性和耐磨性降低；炼钢生铁中硫含量一般不超过

0.07%。高炉冶炼中约 80% 的硫来自焦炭。焦炭含硫量的多少，很大程度上决定着高炉采取的造渣制度与热制度，因而影响熔剂消耗量、渣量、焦比和产量。经验表明，焦炭中硫分每增加 0.1%，焦比约升高 1.2%～2.0%，产量降低 2% 以上。在焦炭含硫量高的条件下，其含硫量变化对焦比的影响较含硫量低时的影响更大。这是由于焦炭含硫量高时，焦比高，因而焦炭含硫量增加时，焦炭多带入的硫量也就较多，相应熔剂消耗量、渣量和焦比的增长都要大。因此，要求焦炭含硫量愈低愈好。

2）磷分对高炉冶炼的影响

焦炭中一般含磷很少，一般在 0.02%～0.03% 以下。高炉炼铁时，焦炭中的磷几乎全部转入生铁，生铁含磷使其韧性降低，冷脆性变大。转炉炼钢不易除磷，故生铁含磷应低于 0.01%～0.015%，同时采取转炉炉外脱磷技术，降低钢中含磷。因此，焦炭含磷越低越好，以保证生铁中磷分较低。

（3）挥发分对高炉冶炼的影响

挥发分是炼焦过程中未分解炭挥发完的有机物质，当焦炭重新加热到 900℃ 左右时，以气体成分挥发出来，如 H_2、CH_4 和 N_2 等。挥发分本身对冶炼并无什么影响，但其含量反映了焦炭的成熟程度。正常情况下，焦炭的挥发分一般为 0.7%～1.2%。此种焦炭呈银灰色，敲击有金属声。挥发分含量过高，表示焦炭成熟程度不够，颜色发黑，敲击之声音暗哑，夹生焦（黑头焦）多，不耐磨，在炉内易产生碎屑而降低料柱透气性，并增加炉尘量和炉尘中含碳量。含量过低，说明结焦过火，裂纹多，极脆，受冲击时易产生碎块粉末，同样于高炉冶炼不利。因此，要求挥发分含量要适当。

（4）水分对高炉冶炼的影响

焦炭中的水分是湿法熄焦时渗入的，要求水分少而稳定。因为在焦炭按质量入炉的情况下，水分波动必然引起入炉干焦量的波动，从而导致炉缸热制度的波动，不利于炉况的稳定。焦炭含水量与熄焦操作和焦炭块度有关。块度小，比表面积大，吸附的水分就多。水分太高，影响入炉粉焦的筛除。我国规定：大于 40mm 者水分为 3%～5%；大于 25mm 者，水分为 3%～7%；通常水分为 2%～6%。因此，要求水分要稳定。

18. 冶金焦炭在高炉中有哪些作用及变化？

答： 焦炭在高炉内有提供热源、还原剂、渗碳剂和作为料柱骨架等作用。焦炭中不足 1% 的碳随高炉煤气逸出，其余全部消耗在高炉中，其大致比例为：风口燃烧占 55%～65%，料线与风口间碳溶反应占 25%～35%，生铁渗碳占 7%～10%，其他元素还原反应及损失占 2%～3%。随着高炉冶炼焦比的降低和风口辅助燃料喷吹量的加大，焦炭中的碳在风口燃烧的比例相对减少，而消耗于碳溶反应的比例增加。

在高炉冶炼过程中，随着焦炭逐渐降至高炉的下部，其性质发生了明显的变化。焦炭粒度下降30%，反应性明显增加。这些变化既取决于高炉冶炼，也取决于焦炭质量。随着焦比下降，焦炭与矿石体积比下降，致使料柱中焦炭层厚度和软熔带焦炭层厚度减小。因此，焦炭将承受更长时间的机械、热、化学的破坏，导致焦炭劣化加重，从而产生更多的焦粉。过多的焦粉降低了料柱透气性，也阻碍了熔融金属和渣的有效滴落。

在高炉上部造成焦炭劣化的因素主要是机械冲击和磨损，这与焦炭的冷态机械强度密切相关。而冷态机械强度受焦炭的物理性质（如孔隙性质和气孔率）影响。在软熔带或蓄热带，焦炭的气化导致焦炭劣化并产生焦粉。在气化过程中，溶损反应导致焦炭的碳损耗和表面物质的剥离。随着焦炭温度的升高，由于内应力作用，焦炭中产生裂纹。碱金属的循环也会引起焦粉的产生，源于在焦炭内部形成的催化相和在焦炭中生成的层间化合物的体积膨胀应力。

在高炉下部，高温反应（包括焦炭的石墨化以及焦炭与气体、液态渣和铁的反应）产生焦粉，同时也消耗焦粉。尽管焦粉的产生方式有多种，但其大部分方式都受到焦炭中的碳结构和矿物质的影响。有些焦粉产生的机理是相互关联的（由热作用引起的碳结构变化会影响焦炭中矿物质的行为，反之亦然），两者是促进还是抑制焦粉的产生，取决于其对焦炭机械强度和反应性的净作用。

综上所述，在高炉冶炼过程中，焦炭自上而下主要发生碳溶反应、碱侵蚀、高温热力、风口高速鼓风等降解粉化。同时，碳溶损反应、渗碳反应、焦炭与炉渣反应会消耗所产生的焦粉。从改善高炉透气性角度出发，应尽量降低焦炭反应性、提高反应后强度。但通常焦炭反应性与反应后强度呈负相关，高 CSR（反应后强度）焦炭通常是在低 CRI（反应性，<20%）条件下测定得到的，受高炉技术参数、操作制度、热平衡和矿石还原性（间接还原度）等因素制约，对焦炭粉化影响最大的碳溶损反应一般为 25%~35%。因此，只要焦炭在高炉冶炼过程不产生过量焦粉，就能保证高炉生产顺行。不宜片面强调过高的 CSR，因为焦炭在高炉中实际发生的气化（碳溶）反应往往大于 CSR 测定时的 CRI，而为制取该种高 CSR 焦炭，必然需大量配入优质焦煤而升高配煤成本。应针对不同高炉、矿石、喷吹煤量和风温等条件，选择不同质量的焦炭来满足高炉顺行和合理成本的要求。

19. 铸造焦炭在冲天炉中有哪些状态和行为？

答：在冲天炉的工作过程中，先将一定量的焦炭装入炉内作为底焦，它的高度一般在 1m 以上。点火后，将底焦加至规定高度，从风口至底焦的顶面为底焦高度，然后按炉子的熔化率将配好的石灰石、金属炉料和层焦按次序分批地从加料口加入。在整个开炉过程中，保持炉料顶面在加料口下沿。经风口鼓入炉内的空气同底焦发生燃烧反应，生成的高温炉气向上流动，对炉料加热，并使底焦顶面上的第一批金属炉料熔化。熔化后的铁滴在下落到炉缸的过程中，被高温炉气和炽热的焦炭进一步加热。这一过程称为过热。随着底焦的烧失和金属炉料的熔化，料层逐渐下降。每批炉料熔化后，燃料由外加的层焦补充，使底焦高度基本保持不变，整个熔化过程连续进行。

在冲天炉熔炼过程中，炉料从加料口加入，自上而下运动，被上升的高温炉气预热，温度升高，鼓风机鼓入炉内的空气使底焦燃烧，产生大量的热。当炉料下落到底焦顶面时，开始熔化。铁水在下落过程中，被高温炉气和灼热焦炭进一步加热（过热），过热的铁水温度可达 1600℃ 左右，然后经过过桥流入前炉。此后铁水温度稍有下降，最后出铁温度约为 1380~1430℃。

炉料中的石灰石在高温炉气的作用下分解成石灰和二氧化碳。石灰是碱性氧化物，它能和焦炭中的灰分和炉料中的杂质、金属氧化物等酸性物质结合成熔点较低的炉渣。熔化的炉渣也下落到炉缸，并浮在铁水上。

在冲天炉内，同时进行着底焦的燃烧、热量的传递和冶金反应 3 个重要过程。根据物理、化学反应的不同，冲天炉以燃烧区为核心，自上而下分为：预热带、熔化带、还原带、氧化带和炉缸等 5 个区域。由于炉气、焦炭和炉渣的作用，熔化后的金属成分也发生一定的变化。在铸铁的 5 大元素中，碳和硫一般会增加，硅和锰一般会烧损，磷则变化不大。铁水的最终化学成分，就是金属炉料的原始成分和熔炼过程中成分变化的综合结果。冲天炉内铸铁熔炼的过程并不是金属炉料简单重熔的过程，而是包含一系列物理、化学变化的复杂过程。熔炼后的铁水成分与金属炉料相比较，含碳量有所增加，硅锰等合金元素含量因烧损会降低，硫含量升高，这是焦炭中的硫进入铁水中所引起的。

20. 铸造焦的主要用途和要求有哪些?

答：在现代铸铁件生产中，仍多采用冲天炉熔炼（单独或与电炉双联）。这是由于冲天炉具有综合能耗低、能满足大批量连续生产的要求、结构简单、操作方便等优点。随着环保技术、控制技术及精密铸造焦技术等的发展与进步，冲天炉熔炼有进一步扩大的趋势。

铸造焦作为冲天炉熔炼铸铁时所用的一种专用燃料，是由炼焦煤料经专门配比在高温下经裂解、缩聚、碳化等过程制成的。铸造生产中，冲天炉熔炼铸铁所用的焦炭应适应冲天炉熔炼过程的特点，具有不同于一般焦炭的性能。在冲天炉熔炼过程中，焦炭的作用不仅是热量的主要提供者（占 95% 以上），还是铁水过热区中的主要传热介质，过热的热量绝大部分是由焦炭直接传递给铁水的（占 85% 以上）；同时，焦炭也是铁水增碳和增硫的来源；此外，焦炭在熔炼过程中，处于燃烧高温状态下承受上部料柱的压力，以保持整个熔炼过程的正常、稳定、连续的进行。铸造焦炭的质量须符合要求，否则焦炭的消耗量会增大，铁水得不到高温过热，不利于铁水的炉后处理，使蠕墨铸铁、球墨铸铁等高强度铸铁的质量难以稳定；还将导致产品铸件产生各种缺陷，铸铁的显微组织不佳，机械性能低下。根据冲天炉熔炼过程中焦炭的作用，同时考虑到冲天炉结构及操作特点，一般对铸造焦炭有以下要求：

（1）含硫量较低。焦炭中的硫，在燃烧时一部分以 SO_2 的形式随烟气排出，而大部的硫（主要是矿物硫和硫化铁硫）都转移到铁水和炉渣中。大量生产统计结果表明，焦炭中硫有 60%~70% 转移到铁水中。对于铸铁件生产而言，硫是有害元素。在铸铁的生产中，硫分会降低铁水的流动性，使铸件产生气孔、难于切削并降低其韧性。尤其是对球铁、蠕铁件生产危害更大。铸铁产品硫分要求不超过 0.06%。冲天炉内不可能脱硫（高炉冶炼时炉内脱硫），因此，精密铸造焦要求硫含量尽可能低。考虑到我国实际条件，国家标准中要求硫含量低于0.8%（特级焦小于 0.6%）。为了降低焦炭中的硫含量，只有选用优质原煤及其他原料（如石油焦等），这对资源配置和生产成本均带来不利影响。

（2）低的化学反应能力。焦炭与高温 CO_2 气流发生反应生成 CO 的速率称为化学反应能力。冲天炉熔炼铸铁时，主要是将金属炉料熔化并使铁水过热。如果底焦燃烧时，随炉气上升的 CO_2 容易和上层底焦及层焦发生吸热反应生成 CO，就必将导致炉内温度下降，高温带缩短。并且此反应还会使上层底焦和层焦烧蚀，炉气的潜热损失也将增大。所以，铸造焦炭的化学反应能力应较低。影响焦炭化学反应能力的因素很多，如在炼焦煤特性相同的情况下，炼出的焦炭气孔率越高，块度越小，比表面积（单位重量焦炭的总表面积）越大，其化学反应能力就越强；焦炭的石墨化强度越高，其化学反应能力就越低。

（3）适宜的块度，即焦炭的大小。为了有利于炉内气流的运动，并具有较低的化学反应能力，要求焦炭的块度均匀并且较大。各国在制定铸造焦炭的规格时都对其块度有严格的要求，一般说来，宜为冲天炉内径的 1/8~1/10。冲天炉不宜用 60mm 以下的焦炭。

（4）高的固定碳。为了获得高温铁水，要求炉内高温区的最高温度达到1800℃左右，因此也要求焦炭中固定碳含量较高（即相应焦炭中灰分较低）。研究结果表明，焦炭中灰分降低 1%，铁水温度提高 10℃ 左右。国外甚至有固定碳含量达 95% 的铸造焦。在提高固定碳含量的同时，炉内铁水增碳率随之升高，炉料中的废钢用量也急剧增加。对于工业欠发达、废钢供应紧张的发展中国家，必须注意这一问题。我国精密铸造焦标准中，主要按焦炭中灰分的多少，分为三个级别，以适应不同生产的需要。即便是二级铸造焦，其固定碳含量也在 86% 以上（灰分少于 12%），远高于原来使用的地方焦和冶金焦固定碳含量。值得指出的是，为了提高固定碳含量，要求炼焦原煤的灰分降低，生产成本也相应提高。

（5）一定的强度。焦炭的强度有 3 个方面：焦炭在装料过程中会受已装炉料和随装炉料的冲击，其抵抗冲击碎裂的能力称抗碎强度；焦炭在炉中随料柱向下运动时会受炉料及炉壁的摩擦作用，其抵抗摩擦破碎的能力称抗磨强度；焦炭在炉内要承受料柱的静压力，其抵抗压碎的能力称抗压强度。冲天炉的炉料是金属块，铸造焦炭所受的冲击较大，其抗碎强度应较高。

铸造焦炭除了块焦以外，还有另一种形式即型焦，或称为团块焦炭。制造型焦的主要原料是无烟煤、焦末和石油焦等。采用型焦可节约优质焦煤。型焦的密度大，化学反应能力低，而且块度一致，是较好的铸造焦炭。

第7章 余热发电

1. 焦炉废气烟道闸板一般选用什么材质，各有何优缺点？

答：烟道闸板一般有两种材质可选：一是纯铸铁闸板，二是复合闸板（碳钢焊接加浇注料保护层闸板）。两者优缺点对比如下：

（1）纯铸铁闸板优点是耐腐蚀性强，不易变形；缺点是耐烧蚀性相对较差，制作工艺要求较高（大面积小厚度铸铁板对铸造工艺要求较高），制造周期相对较长（很少批量生产，故一般没有成型模具，而一般需要专门制作泥沙模具），转运过程中要求防护较严格（由铸铁件的脆性决定），制作成本较高。

（2）复合闸板优点是耐烧蚀性相对较好，制作工艺简单，制作周期较短，转运过程中防护要求较低，制作成本较低；缺点是钢骨架耐腐蚀性不如铸铁，整体易变形。

2. 什么是余热锅炉？

答：余热锅炉是锅炉的一种，它主要是利用燃气轮机、工业生产或窑炉排气的余热产生蒸汽的设备。

3. 余热锅炉与常规锅炉的区别？

答：余热锅炉与常规锅炉的区别主要有以下几点：

（1）余热锅炉主要是利用燃气轮机、工业生产或窑炉排气作为热源，因此不需要燃烧系统；而常规锅炉需要配备燃烧系统，如常见的燃煤锅炉、燃气锅炉、燃油锅炉等。

（2）余热锅炉不用鼓风机，而常规锅炉燃烧系统需要配备鼓风机。

（3）余热锅炉是通过对流管束与热源进行对流热交换，而常规锅炉是通过膜式水冷壁与热源进行辐射热交换。

4. 余热锅炉由哪些组成？

答：余热锅炉由省煤器、蒸发器、过热器以及联箱和汽包等换热管组和容器等组成；在有再热器的蒸汽循环中，可以加设再热器。

5. 过热器的作用是什么？

答：过热器的作用是将一定压力下的饱和蒸汽加热到相应压力下具有一定温度的过热蒸汽。

6. 过热器的工作条件如何？

答：过热器位于温度最高的烟气区，而管内工质为蒸汽，受热面冷却条件较差，从而成为余热锅炉各部件中金属管壁温度最高的设备。

7. 余热锅炉运行中需要监视与调整的主要任务是什么？

答：在余热锅炉运行中，监视与调整的主要任务包括：联系调整，使系统正常运行；维持汽压、汽温的正常；均衡给水，维持正常的水位；保证饱和蒸汽和过热蒸汽合格的品质；保证余热锅炉进出口的烟气温度的稳定；保证清灰系统的运行正常；保持锅炉的密闭，防止漏风；保证辅机运行的正常等。

8. 余热锅炉例行的日常工作有哪些内容？

答：在余热锅炉运行中，例行的日常工作包括：对运行工况的监视及对运行参数的调节、巡视检查、记录抄表、吹灰、排污、冲洗水位计、取样化验、交接班等。

9. 锅炉运行中发生事故时，处理事故总的原则是什么？

答：锅炉运行中发生事故处理总原则为：

（1）首先解除对人身和设备的威胁，尽快消除事故的根源，隔绝故障点，防止事故的扩大。

（2）在确保人身安全和设备不受损坏的前提下，尽可能保持机组继续运行，充分发挥其他正常运行机组的出力，以尽量减小对用户的影响。

10. 余热锅炉检验周期是如何规定的？

答：余热锅炉的外部检验一般每年进行一次，内部检验一般每两年进行一次，水压试验一般每六年进行一次。对于无法进行内部检验的锅炉，应每三年进行一次水压试验。电站锅炉的内部检验和水压试验周期可按照电厂大修周期进行适当调整。只有当内部检验、外部检验和水压试验均在合格有效期内，锅炉才能投入运行。

11. 余热锅炉的工艺原理是什么？

答：高温烟气经烟道输送至余热锅炉入口，再流经过热器、蒸发器和省煤器，最后经烟囱排入大气，排烟温度一般为 150～180℃。烟气温度从高温降到排烟温度所释放出的热量用来使水变成蒸汽。锅炉给水首先进入省煤器，水在省煤器内吸收热量，升温到略低于汽包压力下的饱和温度进入锅筒。进入锅筒的水与锅筒内的饱和水混合后，沿锅筒下方的下降管进入蒸发器吸收热量开始产汽，通常是只有一部分水变成汽，所以在蒸发器内流动的是汽水混合物。汽水混合物离开蒸发器进入上部锅筒，通过汽水分离设备分离。水落到锅筒内水空间进入下降管，继续吸热产汽；而蒸汽从锅筒上部进入过热器，吸收热量使饱和蒸汽变成过热蒸汽。产汽过程的三个阶段对应三个受热面，即省煤器、蒸发器和过热器，如果不需要过热蒸汽，只需要饱和蒸汽，可以不装过热器。当需要再热蒸汽时，则可加设再热器。

12. 余热锅炉日常维护都需要注意哪些问题？

答：余热锅炉日常维护需要注意以下问题：

（1）用水位表观察水位，如有损坏应及时检修；

（2）压力表损坏、表盘不清的，应及时更换；

（3）跑、冒、滴、漏的阀门，应及时维修或更换；

（4）绝热层、加强内衬层应完好无缺；

（5）每班应定期检查传动装置的灵活性及工作状况，要及时进行润滑，保证其正常工作；

（6）检查并维护风机、给水管道阀门，给水泵等；

（7）检查锅炉系统所有连接管道法兰等部位必须严密，不得漏风；

（8）若引风机发生剧烈振动，应停车进行检查，一般系内部叶轮磨损而致，应予调换；

（9）锅炉集箱底部地面上和受热管不可积水，以防止潮湿腐蚀底座；

（10）定期检查三通挡板阀阀门的轴端密封，主轴及电动装置运转情况，并及时排除故障；

（11）经常检查锅炉汽压、水位、过热蒸汽产量和温度是否正常；

（12）检查全部的基础地脚螺栓有无松动，必须保证其紧固，否则会造成震动；

（13）每班必须冲洗一次水位计；

（14）压力表正常运行时，每周冲洗一次，存水弯管每半年至少校验一次，在刻度盘上划指示工作压力红线，校验后铅封；

（15）高低水位报警器、低水位连锁装置、超压、超温报警器、超压联锁装置，每月至少做一次报警联锁试验；

（16）设备维修保养和安全附件试验校验情况，要详细做好记录，锅炉运行管理人员应定期抽查。

13. 汽包的作用主要有哪些?

答: 汽包的作用主要有:

(1) 汽包是工质加热、蒸发、过热三个过程的连接枢纽,同时作为一个平衡容器,保持水冷壁中汽水混合物流动所需压头。

(2) 汽包容有一定数量的水和汽,加之本身的质量很大,因此有相当的蓄热量,在锅炉工况变化时,能起缓冲、稳定汽压的作用。

(3) 装设汽水分离和蒸汽净化装置,保证饱和蒸汽的品质。

(4) 装置测量表计及安全附件,如压力表、水位计、安全阀等。

14. 省煤器有哪些作用?

答: 省煤器是利用锅炉排烟余热加热给水的热交换器。省煤器能吸收排烟余热,降低排烟温度,提高锅炉效率,节约燃料。另外,由于进入汽包的给水,经过省煤器提高了水温,减小了因温差而引起的汽包壁的热应力,从而改善了汽包的工作条件,延长了汽包的使用寿命。

15. 为什么要定期冲洗水位计,如何冲洗?

答: 冲洗水位计是为了清洁水位计的电极或玻璃管,防止汽或水连通管堵塞,以免运行人员误判断而造成水位事故。冲洗水位计的步骤如下:

(1) 开放水阀,使汽管水管及水位计得到冲洗。

(2) 关水阀,冲洗汽管与水位计。

(3) 开水阀,关汽阀,冲洗水管。

(4) 开汽阀,关放水阀,恢复水位计运行。

(5) 关闭放水阀时,水位计中水位应很快上升并轻微波动。

(6) 冲洗水位计时应站在侧面,缓慢进行操作。

(7) 冲洗水位计后应与另一支水位计对照水位。

16. 余热锅炉运行排污的目的是什么?

答: 排污分连续排污与定期排污。

连续排污的目的是使锅炉水的含盐量不超过一定浓度,其排污量应根据化学分析炉水的结果而定。

定期排污的目的是排除锅筒内沉淀物——水渣,并能很快调整炉内含盐量。定期排污应在锅炉低负荷下进行,时间应尽可能短,以免影响水循环。

17. 简述锅炉满水的现象、原因及处理方法。

答：锅炉满水的现象、原因及处理方法分别叙述如下：

（1）锅炉满水的现象：

1）汽包所有水位计高于正常水位。

2）高水位报警器报警，光字牌指示灯亮。

3）给水流量不正常地大于蒸汽流量。

4）蒸汽含盐量增大。

5）严重满水时，蒸汽温度下降，管道内发生水冲击。

（2）锅炉满水的原因：

1）给水自动调节装置失灵。

2）水位计、蒸汽流量或给水流量表指示不准，使运行人员误判断或误操作。

3）锅炉负荷突然变化，运行人员控制不当或误操作。

4）给水压力突然升高。

5）运行人员对水位监视不够，调整不及时。

（3）锅炉满水的处理：

1）校对水位计，对照汽水流量，查明原因，予以消除。

2）关小给水阀门，如给水自动调节失灵，应改为手动调节。

3）如水位仍然超高，可开启事故放水阀，水位恢复正常后关闭。

4）如汽包水位超过汽包水位计上部可见水位时，经调整仍不能恢复，可按下列规定处理：

①立即停炉。

②全开事故放水阀和排污阀。

③开启过热器疏水阀。

④水位恢复正常后关事故放水阀及排污阀，维持正常水位，故障消除后请示启炉。

18. 简述省煤器损坏的现象、原因及处理方法。

答：省煤器损坏的现象、原因及处理方法分别叙述如下：

（1）现象

1）给水流量不正常的大于蒸汽流量，严重时汽包水位下降。

2）省煤器后烟温下降或两侧烟温温差增大。

3）省煤器泄漏处有异音。

4）从省煤器烟道不严密处向外冒汽，严重时墙外渗水或底部漏水。

（2）原因

1）给水质量不良引起管子结垢、腐蚀。

2）管子周围杂物阻塞或启、停炉时再循环开关不正确，使省煤器过热。

3）管材不合格或焊接质量不合格。

4）管材受酸腐蚀发生泄漏。

（3）处理方法

1）如泄漏不严重可加强上水，维持汽包水位，降低负荷，监视运行并及时汇报相关人员请示停炉。

2）如泄漏严重时，应立即停炉。

3）停炉后继续向锅炉上水，维持汽包水位。

4）关闭所有放水阀，排污阀，停止上水后，严禁开启省煤器再循环阀。

19. 简述风机故障的现象、原因及处理方法。

答：风机故障的现象、原因及处理方法分别叙述如下：

（1）现象

1）电流表指示摆动过大。

2）风机出入口风压发生变化。

3）风机处有冲击或摩擦等异常响声。

4）轴承温度过高。

5）风机振动过大。

6）风机串轴。

（2）原因

1）叶片磨损，造成转子失去平衡。

2）烟气带水，致使叶轮腐蚀和积灰。

3）风机或电动机的地脚螺丝松动。

4）轴承油质不良，油量不足，冷却水中断等造成过热损坏轴承。

5）轴承转子等制造有缺陷。

（3）处理方法

1）发现轴承温度很高或轴承冒烟，应检查油质油量及冷却水，必要时可进行换油或加大冷却水量，经处理无效时停止风机运行。

2）风机发生强烈振动、撞击和摩擦时，应立即停止风机运行。

20. 汽包水位不明时应如何叫水？

答：锅炉的叫水程序如下：

（1）缓慢开启水位计放水阀，水位计中有水位线下降表示轻微满水。

（2）若不见水位，关汽阀，缓慢关闭放水阀，水位计中有水位线上升，表示轻微缺水。

（3）如仍不见水位，关闭水阀，再开启放水阀。水位计中有水位线下降，表示严重满水；无水位线出现，表示严重缺水。

（4）查明后将水位计恢复正常。

21. 汽轮机内形成沉积物的原因是什么，它有哪些特性？

答： 汽轮机内形成沉积物的原因如下：

（1）过热蒸汽在汽轮机内做功过程中，其压力、温度逐渐降低，钠化合物和硅酸盐在蒸汽中的溶解度也随之降低，因此沉积在汽轮机内。

（2）蒸汽中的微小氢氧化钠浓液滴及一些固体微粒附着在汽轮机蒸汽通流部分，形成沉积物。

各种杂质在汽轮机内的沉积特性如下：

（1）钠化合物沉积在汽轮机的高压段。

（2）硅酸盐脱水成为石英结晶，沉积在汽轮机的中、低压段。

（3）铁的氧化物在汽轮机各级叶片上都能沉积。

22. 为了获得清洁的蒸汽，应采取哪些具体措施？

答： 要获得清洁的蒸汽，必须采取如下措施：

（1）尽量减少进入锅炉水中的杂质。具体措施有：①提高补给水质量；②降低补给水率；③防止给水系统的腐蚀；④及时对锅炉进行化学清洗。

（2）加强锅炉的排污。做好连续排污和定期排污工作。

（3）改进汽包内部装置。包括改进汽水分离装置和蒸汽清洗装置。

（4）调整锅炉的运行工况。包括调整好锅炉负荷、汽包水位、饱和蒸汽的压力和温度，避免运行参数的变化幅度太大，降低锅炉水的含盐量等。

23. 缓蚀剂为什么能起到减缓腐蚀作用，酸洗时如何选择缓蚀剂？

答： 缓蚀剂之所以能起到减缓腐蚀作用，其原因有以下两个方面：

（1）缓蚀剂分子吸附在金属表面，形成一层很薄的保护膜，从而抑制了腐蚀。

（2）缓蚀剂与金属表面或溶液中的其他离子反应，其反应生成物覆盖在金属表面上，从而抑制了腐蚀。

酸洗时确定缓蚀剂的种类及其添加量的多少，与清洗剂的种类和浓度有关，此外，还与清洗温度和流速有关，因为每种缓蚀剂都有它所适宜的温度和流速范围。缓蚀剂降低腐蚀速度的效果，一般是随清洗液温度的上升和流速的增大而降低的。由于多种因素的影响，缓蚀剂的选用应通过小型试验来确定。

24. 怎样防止锅炉水产生"盐类暂时消失"现象?

答: 防止锅炉水产生"盐类暂时消失"现象,一般应采取如下措施:

(1) 改善锅炉燃烧工况,使各部分炉管上的热负荷均匀;防止炉膛内结焦、结渣,避免炉管上局部热负荷过高。

(2) 改善锅炉炉管内锅炉水流动工况,以保证水循环的正常运行。例如,取消水平蒸发管,并把炉管的倾斜度增加到 15°~30°以上。

(3) 改善锅炉内的加药处理,限制锅炉水中的磷酸根含量。如采用低磷酸盐处理或纯磷酸盐处理等。

(4) 减少锅炉炉管内的沉积物,提高其清洁程度等。

25. 简述除碳器的工作原理。

答: 除碳器在运行中的主要作用是令含有 CO_2 的水流在除碳器中自上而下地落下,与自下而上的空气流充分接触。由于除碳器中的多面球填料把水分散成极薄的水膜,增加了水与空气的接触面积,空气愈往上流,与水流接触时间愈长,其中的 CO_2 的浓度会愈高,最终在除碳器顶部排出;而水流愈往下,则其中 CO_2 的浓度愈低,最后流入中间水箱的水,其 CO_2 的残余浓度约为 5mg/L。

26. 什么是化学除盐水处理工艺?

答: 将水中的所有阳离子全部转换成氢离子,所有的阴离子全部转换成氢氧根,这样,水中就只有氢离子和氢氧根构成的水分子,其他阳阴离子构成的化学盐类都消失了。这种水处理工艺称为化学除盐水处理工艺。

27. 什么是水的碱度,什么是酚酞碱度和甲基橙碱度?

答: 水中含 OH^-、HCO_3^-、CO_3^{2-} 及其他弱酸盐类量的总和,或水中含有能接受 H^+ 的物质的量称为水的碱度,单位为 mmol/L。天然水的碱度主要由 HCO_3^- 的盐类所组成。根据测定碱度时所用的指示剂,碱度可分为酚酞碱度(P)和甲基橙碱度(M),用酚酞作指示剂测定的碱度称为酚酞碱度,此时滴定终点的 pH = 8.3,所参加反应的离子为:

$$OH^- + H^+ \rightleftharpoons H_2O$$
$$CO_3^{2-} + H^+ \rightleftharpoons HCO_3^-$$

即 CO_3^{2-} 仅反应生成 HCO_3^-。

用甲基橙作指示剂测定的碱度称为甲基橙碱度,其反应终点的 pH = 4.3~4.5,此时不仅有上述反应,同时 HCO_3^- 也参加反应:

$$HCO_3^- + H^+ \rightleftharpoons H_2O + CO_2$$

因此，甲基橙碱度也即为全碱度。

28. 什么是水的硬度，什么是永久硬度、暂时硬度、碳酸盐硬度、非碳酸盐硬度，它们之间各有什么关系？

答：水中钙、镁离子的总浓度即为硬度，单位为 mmol/L。

如果与钙、镁离子结合的阴离子为重碳酸根和碳酸根，此时的硬度即为碳酸盐硬度，因为碳酸盐硬度在沸腾的水中会析出沉淀而消失硬度，故又称为暂时硬度；如果与钙镁离子结合的阴离子为非碳酸根（氯离子或硫酸根），则此时的硬度即为非碳酸盐硬度，也即为永久硬度。各种硬度之间的关系如下：

水的总硬度 = 钙硬度 + 镁硬度 = 碳酸盐硬度 + 非碳酸盐硬度 = 暂时硬度 + 永久硬度

29. 变压器缺油对运行有什么危害？

答：变压器油面过低，会使轻瓦斯保护动作，变压器散热能力下降。严重缺油时，铁心和线圈暴露在空气中，并可能造成绝缘击穿。

30. 什么叫保护接地、保护接零？

答：保护接地：在电源中性点不接地系统中，把电气设备金属外壳框架等通过接地装置与大地可靠连接。

保护接零：在电源中性点接地系统中，把电气设备金属外壳框架等与中性点引出的中线连接。

31. 变压器运行中遇到哪些情况应立即停运？

答：变压器运行中遇到下列情况应立即停运：

（1）内部声音很大，不均匀，有爆裂声。

（2）在正常负荷及冷却条件下，温度不正常，不断上升。

（3）油枕、防爆管喷油。

（4）严重漏油，使油位低于油位计的指示限度，看不见油位。

（5）油色改变过甚，油内出现碳质。

（6）套管严重破损。

32. 发电机对励磁系统有什么要求？

答：发电机对励磁系统的要求如下：

（1）励磁系统应不受外部电网的影响，否则在事故情况下会发生恶性循环，以致电网影响励磁，而励磁又影响电网，情况会愈来愈坏。

（2）励磁系统本身的调整应该是稳定的，若不稳定，即励磁电压变化量很大，则会使发电机电压波动很大。

（3）电力系统发生故障，发电机端电压下降，励磁系统应能迅速提高励磁到顶值。

33. 高压设备巡视应注意哪些事项？

答：高压设备巡视应注意下列事项：

（1）巡视高压设备时，不得进行其他工作，不得移开或越过遮栏。

（2）雷雨天气时，应穿绝缘靴，并不得接近避雷器和避雷针。

（3）高压设备发生接地时，室内不得接近故障点 4m 以内，室外不得接近 8m 以内，进入范围必须穿绝缘靴，接触设备外壳，构架时，应戴绝缘手套。

（4）进出高压室，必须将门锁好。

34. 发生周波降低的事故应如何处理？

答：发生周波降低事故应按照如下几种情况处理：

（1）当系统周波下降至 49.5Hz 以下时，电气人员应立即汇报值长，联系机、炉增加机组负荷至最大可能出力，同时联系市调。

（2）当系统周波下降至 49Hz 以下时，除增加出力外，还要求市调消除周波运行，使周波在 30 分钟内恢复至 49Hz 以上，在总共 1 小时内恢复至 49.5Hz 以上。

（3）当系统周波下降至 48.5Hz 时，电厂与系统并列的开关低周保护应动作；否则应手动执行，待系统周波恢复至 48.5Hz 以上时，再尽快与系统并列。

35. 什么是功率因数，提高电网的功率因数有什么意义？

答：在交流电路中，电压与电流之间的相位差（φ）的余弦称做功率因数，用符号 $\cos\varphi$ 表示。在数值上，功率因数是有功功率（S）和视在功率（P）的比值，即 $\cos\varphi = P/S$。

在生产和生活中使用的电气设备，大多属于感性负载，它们的功率因数较低，这样会导致发电设备不易完全充分利用且增加输电线路上的损耗。功率因数提高后，发电设备就可以少发送无功负荷而多发送有功负荷，同时还可以减少发送供电设备上的损耗，节约电能。

36. 什么是有功功率？什么是视在功率？

答：有功功率：当电能转化成其他形式的能量时，如电流通过白炽灯发热发光，转换成热能和光能；通过电动机的转动使电能转换成机械能等，这些在能量的转变过程中做功的电能，称做有功电能，其功率称做有功功率。

视在功率：交流电源所能提供的总功率，称之为视在功率或表现功率，在数值上是交流电路中电流与电压的直接乘积。对于非纯电阻电路，电路的有功功率小于视在功率；对于纯电阻电路，视在功率等于有功功率。

37. 变压器运行中发生异常声音可能是什么原因？

答： 变压器运行发生异常声音的原因有以下几种可能：

（1）因过负荷引起。

（2）内部接触不良放电打火。

（3）个别零件松动。

（4）系统有接地或短路。

（5）大动力启动，负荷变化较大（如电弧炉等）。

（6）铁磁谐振。

38. 双碱法脱硫工艺原理是什么？

答： 双碱法是采用钠基脱硫剂进行塔内脱硫。由于钠基脱硫剂碱性强，吸收二氧化硫生成物溶解度大，不会造成过饱和结晶形成堵塞问题。因此利用 NaOH 作为启动脱硫剂，达到烟气脱硫的目的。另一方面，脱硫产物被排入再生池内用 $Ca(OH)_2$ 进行还原再生，再进入沉淀池，一部分还原成 NaOH，再打回脱硫塔内循环使用；另一部分沉淀物经曝气氧化，生成 $CaSO_4 \cdot 2H_2O$，由板框压滤机处理，实现固液分离排出。

39. 压滤机操作步骤有哪些？

答： 压滤机操作按照如下程序进行：

（1）压滤机：启动压紧按钮，油表压力达到 23MPa 后，油泵自动停止（如工作不停止时，需手动停止，应迅速检查液压控制系统）。

（2）输料系统：启动上料泵向再生罐加反应后脱硫液，同时按照相应比例要求向罐内加石灰粉。上料泵进液 1/3 罐体容积后启动搅拌器。物料搅拌均匀后启动渣浆泵，向压滤机打料浆，当压滤机进料口压力达到 0.4~0.6MPa、水流变小时，关闭上料泵、搅拌器及渣浆泵和上料阀门。

（3）启动退回键，使压滤机泄压（注意压滤机油缸行程开关，如果油缸到位不停止需检查液压控制系统）。

（4）压滤机卸料时如果有污泥残留物或者滤布打皱时，拉动暂停开关，待停机后进行整理。

（5）拉板小车自动返回压滤机重新压紧后，再次打开所有上料开关和阀门，进入下一循环操作。

（6）每天检查压滤机的油箱，观察液压油的油质油位。

40. 造成压滤机板块损坏的原因有哪些？

答：造成压滤机板块损坏的原因有以下几种情况：

（1）当污泥过稠或干块遗留时，就会造成供料口的堵塞，此时滤板间没有了介质，只剩下液压系统本身的压力，板块本身由于长时间受压极易造成损坏。

（2）供料不足或供料中含有不合适的固体颗粒时，同样会造成板框本身受力过多以至于损坏。

（3）如果流出口被固体堵塞或启动时关闭了供料阀或出口阀，压力无处外泄，以至于造成损坏。

（4）滤板清理不净时，有时会造成介质外泄。一旦外泄。板框边缘就会被冲刷出一道一道的小沟来。介质的大量外泄造成压力无法升高，泥饼无法形成。

41. 脱硫设备运行或停运过程中，泵及管路堵塞的原因有哪些？

答：在双碱法脱硫系统中，管路堵塞是最常见的系统故障，造成这一现象的原因有以下几点：

（1）系统设计不合理，如设计流速过低、浆液浓度过大、管路及箱罐的冲洗和排空系统不完善等。

（2）浆液中有机械异物（包括衬橡胶管损坏后的胶片）或垢片造成管路堵塞。

（3）系统中泵的出力严重下降，使向高位输送的管道堵塞。

（4）系统中有阀门内漏，泄漏的浆液沉淀在管道中造成堵塞。

（5）系统停运后，未及时排空管道中剩余的浆液。

（6）系统停运后，未及时对浆液的管路及系统进行水冲洗。

（7）管内结垢造成通流截面变小。

（8）氧化风机故障后，循环浆液倒灌入氧化空气分配管并很快沉淀而造成的堵塞。

42. 脱硫泵轴承过热的原因有哪些？

答：脱硫泵轴承过热的原因有以下几种情况：

（1）轴承供油不足，油脂过多或过少。

（2）油质不清洁，油太浓，油中带水乳化，油种用错。

（3）轴承装配间隙超出允许公差，轴承或轴倾斜，中心不正或弹性联轴器凸齿不均匀。

（4）轴向窜动过大，轴承敲击或受挤压，滚动轴承磨损。

43. 空压机试运前应检查哪些内容？

答：空压机试运前应检查以下内容：

（1）空压机、相应管道、阀门、滤网安装完毕，出口逆止阀方向正确；

（2）润滑油油位在油窗中心线位置；

（3）相应阀门开关灵活，位置反馈正确；

（4）用手盘动空压机，检查确无卡涩现象。

44. 脱硫系统运行监视的项目有哪些？

答：脱硫系统运行监视的项目有以下内容：

（1）脱硫池液位；

（2）pH 值；

（3）吸收塔液位；

（4）净烟气 SO_2 含量；

（5）净烟气氮氧化物含量；

（6）净烟气粉尘含量。

45. 汽轮机盘车的作用是什么？

答：盘车的作用是在汽轮机冲转前和停机后使转子以一定的速度连续转动，以保证转子的均匀受热和冷却，防止转子因上下部的温差而弯曲，也减小了冲转时的力矩；还可以通过盘车检查汽机本体是否具备了冲转条件，如动静部分是否摩擦，转子挠度是否在正常范围内。

日常维护盘车是为了保证轴承润滑，防止转子长时间停留在同一方位，引起主轴变形，造成转子不平衡。

46. 汽轮机叶片损坏的原因有哪些？

答：主要从以下几个方面分析原因：

（1）叶片本身的原因

1）振动特性不合格；

2）设计不当；

3）材质不良或错用材料；

4）加工工艺不良。

（2）运行方面的原因

1）偏离额定频率运行；

2）过负荷运行；

3）汽温过低；

4）蒸汽品质不良；

5）真空过高或过低；

6）水冲击；

7）机组振动过大；

8）停机后主汽阀关闭不严而未开启疏水阀，有可能使蒸汽漏入机内，引起叶片腐蚀等。

47. 如何防止叶片断裂和损坏事故的发生？

答：防止叶片断裂和损坏事故的发生，应从以下几个方面采取措施：

（1）在运行管理，特别是电网频率的管理方面，应采取以下措施：

1）电网应保持在额定频率和正常允许变动范围内稳定运行。根据叶片损坏事故的分析统计，电网频率偏离正常值是造成叶片断裂的主要原因。因此，对频率的管理极为重要。

2）避免机组过负荷运行，特别是防止既是低频率运行又是过负荷运行。对于机组的提高出力运行，必须事先对机组进行热力计算和对主要部件进行强度核算，并确认强度允许后才可以，否则是不允许的。

3）加强运行中的监视。机组起停和正常运行时，必须加强对各运行参数（例如汽压、汽温、出力、真空等）的监视，运行中不允许这些参数剧烈波动。严格执行规章制度，启停必须合理，防止动静部件在运行中发生摩擦。近年来，大容量机组不断增加，由于运行和起停操作复杂，这些机组发生水击而损坏叶片的情况为数不少。另外，由于大机组末几级使用长叶片，水蚀也是一个威胁。

4）加强汽水品质监督，防止叶片结垢、腐蚀。

5）经常监听机内声响，检查振动情况的变化，分析各级汽压数值和凝结水水质情况。若出现断叶征象（如通流部分发生可疑响声，机组出现异常振动；在负荷不变或相对减小情况下，中间级汽压升高，或凝结水硬度升高，导电度突然增大等）；应及时处理，避免事故扩大。

6）停机后加强对主汽阀严密性的检查，防止汽水漏入汽缸。停机时间较长的机组，包括为消除缺陷安排的工期较长的停机，应认真做好保养工作，防止通流部分锈蚀损坏。

（2）在检修管理方面应采取如下措施：

1）每台汽轮机的主要级叶片，应建立完整的技术档案。新装机组投运前，必须对叶片的振动特性进行全面测定。对不调频叶片，要检验频率分散率；对调频叶片，除分散率外，尚需鉴定其共振安全率。对调频叶片，若发现叶片陷入共振状态，应尽快采取措施，按实际情况进行必要的调整。

2）检修中认真仔细地对各级叶片及其拉筋、围带等进行检查。发现或怀疑有缺陷时，应进行处理并设法加以消除。对具有阻尼拉筋的叶片，要特别细心检查，必须保持阻尼拉筋的完好。在检查过程中，如果怀疑叶片或叶根有裂纹，则要进行必要的探伤。目前采用超声波探伤，不仅能检查叶片和叶轮等部件的表面有无裂纹存在，而且能对叶根在轮槽内部的部位进行探伤，检查叶根有无裂纹。

3）喷嘴叶片如发现有弯曲变形，应设法校正，通流部分应清理干净，防止遗留杂物；紧固件应加防松保险，以防振动脱落。

4）起吊搬运时，防止将叶片碰损。喷砂清洗时，砂粒要细。叶片和叶轮上不准用尖硬工具修刮，更严格禁止电焊。叶片酸洗时，不得将叶片冲刷过度；清洗后应将酸液清洗干净，防止腐蚀。避免用单个叶片或叶片组来盘动转子，以免将叶片弄弯。

5）发现叶片断落、裂纹和各种损伤变形，要认真分析研究，找出原因，采取措施。对损坏的叶片，应仔细检查有无加工不良、冲刷、腐蚀、机械损伤、扭曲变形、松动位移等异常迹象；对断落、裂纹叶片，要保留实物，保护断面，仔细检查分析断口位置、形状、断面特征、受力状态等，并对照原始频率数据，作必要的测试鉴定。

在叶片换装、拆卸过程中，要对叶片的制造、安装质量做鉴定。为进一步分析损伤原因，应对断面和裂纹做金相、硬度检验，必要时进行材料分析和机械性能试验，以确定裂纹和材质状况。对同级无外观损伤的叶片进行探伤检验，并根据损伤叶片的原因分析总结，采取相应的处理措施，防止同类事故的发生。对受机械损伤或摩擦损伤的叶片，除认真排除原因外，对可能造成应力集中的裂纹和缺口应进行整修，以防止缺陷扩大。对弯扭变形叶片的加热整形要慎重，须按材质严格控制加热温度，防止超温淬硬；必要时进行回火处理，消除残余应力和淬硬组织。对异常水刷或腐蚀造成的叶片损伤，应查明原因，采取措施，消除不利因素。叶片的焊补和热处理必须持慎重态度，应按不同材质制定专门焊接工艺方案，通过小型试验成功后再采用。采取以上措施，将能帮助我们把叶片的断裂事故控制在最低程度，从而提高汽轮机运行的安全性和经济性。

48. 为什么热态启动要先送轴封，后抽真空？

答：热态启动先送轴封后抽真空，是为了防止冷空气从轴封段被抽入汽缸，造成轴封段的转子收缩，胀差负值增大甚至超过允许值，使本体动静部分轴向间隙减小或消失；此外还会造成轴封套内壁冷却产生松动变形摩擦，汽缸上下温差增大。因此，热态启动时须先送轴封后抽真空。

49. 汽轮机主蒸汽压力不变，主蒸汽温度过高有哪些危害？

答：当主蒸汽温度升高过多时：

（1）调节级焓降增加，可能造成调节级动叶片过负荷。

（2）主蒸汽高温部件工作温度超过允许的工作温度，造成主汽门、汽缸、高压轴封等紧固件的松弛，导致部件的损坏或使用寿命缩短。

（3）各受热部件的热膨胀、热变形加大。

50. 汽轮机热态启动中有哪些的注意事项？

答：汽轮机热态启动有以下注意事项：

（1）先供轴封蒸汽，后抽真空。

（2）加强监视振动。如突然发生较大振动，必须打闸停机，查清原因，消除后可重新启动。

（3）蒸汽温度不应出现下降情况。注意汽缸金属温度不应下降，若出现温度下降，无其他原因时应尽快升速，并列，带负荷。

（4）注意相对膨胀，当负值增加时，应尽快升速，必要时采取措施控制负值在规定范围内。

（5）真空度应不低于 −0.06MPa。

（6）冷油器出口油温不低于38℃。

51. 机组并网初期为什么要规定最低负荷？

答：机组并网初期要规定最低负荷，主要是考虑负荷越低，蒸汽流量越小，暖机效果越差。此外，负荷太低往往容易造成排汽温度升高，所以一般要规定并网初期的最低负荷。

但负荷也不能太高，负荷越大，汽轮机的进汽量增加较大，金属部件又要进行一个剧烈的加热过程，会产生过大的热应力，甚至胀差超限，造成严重后果。

52. 为什么停机时必须等真空到零，方可停止轴封供汽？

答：如果真空未到零就停止轴封供汽，则冷空气将自轴端进入汽缸，使转子和汽缸局部冷却；严重时会造成轴封摩擦或汽缸变形。所以规定要待真空到零，方可停止轴封供汽。

53. 什么情况下禁止汽轮机启动？

答：下列情况下禁止汽轮机启动：

（1）调节系统无法维持空负荷运行，或在机组甩负荷后，不能将汽轮机转速控制在危急保安器的动作转速之内。

(2) 危急保安器动作不正常，自动主汽门、调速汽门、抽汽逆止阀卡涩或不严。

(3) 汽轮机保护装置，如低油压保护、窜轴保护、低真空保护等装置不能正常投入。

(4) 主要表计，如主蒸汽压力表、温度表、转速表、润滑油压表等不齐备，或指示不正常。

(5) 交、直流油泵不能正常投入运行。

(6) 盘车装置不能正常投入运行。

(7) 润滑油品质不合格，或主油箱油位低于允许值。

54. 余热锅炉水冷壁管损坏有哪些异常现象？

答：余热锅炉水冷壁管损坏有以下异常现象：

(1) 汽包水位迅速下降；

(2) 给水流量不正常地大于蒸汽流量；

(3) 蒸汽压力和给水压力下降；

(4) 排烟温度降低；

(5) 泄漏严重时，炉温及人孔门不严密处有蒸汽喷出，泄漏处有显著声响。

55. 汽轮机超速时有哪些异常现象？

答：汽轮机超速时有以下异常现象：

(1) 汽轮机组发出不正常声音；

(2) 转速表和频率表超过设定值红线并继续上升；

(3) 主油压迅速增加；

(4) 一般情况下机组负荷及调节级压力突然到零；

(5) 机组振动突然增大。

56. 发电机出现异常应如何处理？

答：发电机出现异常，应按照如下步骤处理：

(1) 停止升压，励磁装置退出运行；

(2) 检查灭磁开关是否合好；

(3) 检查励磁变压器一次保险是否熔断；

(4) 检查励磁回路是否断线、发电机电刷接触是否良好；

(5) 微机调节器是否正常；

(6) 检查发电机保护 PT 一次保险是否熔断或装上；二次回路是否断线，保险是否装上；

(7) 保护 PT 刀闸辅助触点是否接触良好；

(8) 定子电压表是否正常，接点是否松动。

57. 余热锅炉遇到什么情况需要紧急停炉？

答：余热锅炉遇到下列情况需要紧急停炉：

(1) 锅炉满水，超过上部可见水位时；

(2) 锅炉缺水，水位在水位计中消失时（如经"叫水"不见水位时，严禁向锅炉给水）；

(3) 炉管爆破，不能维持正常水位时；

(4) 蒸汽管道，给水管道爆破威胁人身及设备安全时；

(5) 炉墙毁坏而使锅炉的部件暴露出来，或钢架横梁烧红时；

(6) 所有水位计损坏时；

(7) 锅炉超压安全阀拒动而对空排汽又打不开时；

(8) 蒸汽系统所有压力表损坏时；

(9) 焦炉生产不稳定而引起烟气温度不正常升高，导致锅炉严重超压时；

(10) 风机故障，威胁人身及设备安全时；

(11) 外界因素威胁锅炉安全运行时。

第8章 焦炉安全与环保

I 安 全 类

1. 晾焦台操作应注意哪些安全事项?

答: 晾焦台操作应注意以下安全注意事项:

(1) 放焦人员上下楼梯时,应防止滑跌;

(2) 在操作放焦闸时,应控制放焦速度,避免下料过多造成输送带电机负荷增大,导致电机损坏;同时注意观察有无异物混入,防止皮带损坏;

(3) 启动皮带时,应检查皮带周围情况,进行打铃警示,同时防止触电;

(4) 皮带运转过程中禁止检修维护作业或跨越皮带,防止人身伤害;

(5) 冬季应注意清理地面积水,防止结冰,造成人员滑跌;

(6) 应定期测试应急拉绳是否灵敏有效,发现问题及时汇报处理;

(7) 发现未熄灭的红焦,应及时用清水熄灭,防止烫坏皮带,减少焦炭烧损;

(8) 操作人员应按照规定穿戴劳动保护用品。

2. 皮带机运行应具备哪些安全条件?

答: 皮带机运行应具备下列安全条件:

(1) 根据安全生产需要,皮带系统的初始端应设有除铁和除杂物装置;

(2) 皮带机头的溜槽应设置防堵设施;

(3) 皮带上应装有自动纠偏和清扫装置;

(4) 机头、机尾和拉紧装置要有防护设施,联轴节要有防护罩,无罩皮带机架两侧作业区应设置钢制挡板;

(5) 皮带上应设置安装紧急停机装置,有坡度的皮带机应有防逆转装置;

(6) 皮带系统应设置手动和自动联锁控制;

(7) 皮带系统相应的操作巡检人员必须培训合格后上岗。

3. 皮带清扫及故障处理在安全方面应注意哪些问题?

答: 皮带清扫及故障处理应防止皮带绞伤事故的发生,因此要注意如下问题：

（1）皮带运行过程中，不得清理转动部位，必须清理时，须停机作业；

（2）检修作业时，必须停止皮带机的运行，较为复杂的检修一定要预先制订检修方案；

（3）作业前，必须告知作业人员作业过程中存在的危险及防范措施；

（4）作业前，必须切断皮带机启动电源并加锁，钥匙交专人管理；

（5）检修完成，必须确定皮带周围安全后才能开机。

4. 铲车作业应注意哪些安全事项？

答：铲车作业应注意以下安全事项：

（1）驾驶员应熟悉和遵守交通规则，并严格按照《机动车辆七大禁令》认真操作；非正式装载机驾驶员不得驾驶装载机；

（2）车辆启动前，应按规定进行车辆检查和做好准备工作，如发现部件有故障，应予排除和修理，否则不准出车；

（3）起步或操作工作装置前，应观察车辆周围有无人员和阻碍行车的障碍物，同时鸣喇叭发出信号；

（4）运转时，车辆的前后轮胎之间、动臂与前车架之间、铲斗里、抓具上严禁站人；

（5）上坡或下坡时，铲斗端总是指向坡底，在情况危险时，可以放下铲斗来帮助停止装载机；

（6）遇故障或包扎电缆接口时，须先断开主电源，严禁带电作业；

（7）发动机在运转时，不能检修和保养车辆；确实需要在发动机运转情况下进行检查时，车上必须有熟练的驾驶员监护；

（8）车辆行驶时，严禁人员上、下车；除驾驶室外，任何地方不得乘坐人员；

（9）抓举或铲运时，应避免物料过多地偏重一侧及提升到最高位置运输物料；如有障碍必须举升通过时，应谨慎驾驶；通过后应立即将动臂降到离地面400mm 左右的正常运输位置。

5. 更换皮带或辊筒应注意哪些安全问题？

答：更换皮带或辊筒应制订方案，要注意以下安全问题：

（1）作业前必须进行现场安全教育，做好预知预测和互保联保工作。

（2）工作前先检查维修工具（钢丝绳、夹板、倒链、枕木等）是否结实、耐用、安全可靠，发现问题及时处理；检查运转设备是否停止，电源开关是否切断、挂牌，检修设备是否放置平稳。

（3）割断旧皮带时，要防止皮带断头及刀具伤人。

（4）使用角磨机时，先检查机壳是否绝缘，防止漏电。

（5）从高空向下撤旧皮带时，下方必须有人监护。

（6）按工艺走向将新皮带顺皮带架上装好，皮带两端固定夹板，用倒链将皮带拉紧并固定；使用枕木、钢板一定要放稳、垫平，防止滑脱伤人，然后再开始皮带连接操作。

（7）需要启动皮带时，必须专人指挥、联系确认，其他人要相互配合。

（8）工作完毕后，将工具收拾整齐，现场杂物清理干净。

6. 如何防止粉尘爆炸？

答：防止粉尘爆炸主要从以下几个方面考虑：

（1）加强区域通风。

（2）区域内使用防爆电器、设备及开关。

（3）强化区域内用火管理。

（4）确保设备、防护设施运行良好，从源头消减粉尘的产生。

7. 手拉葫芦使用在安全方面应注意哪些事项？

答：使用手拉葫芦在安全方面应注意以下事项：

（1）使用前，应对机件（钩头及闭锁机构、制动器、链条等）及其润滑情况进行仔细检查，确认完好无损后方可使用。

（2）所起吊的重物必须在额定载荷之内，切勿超载使用。严禁超负荷起吊或斜吊，禁止吊拔埋在地下或凝结在地面上的重物。

（3）起吊前，检查上下吊钩是否挂牢，吊钩不得有歪斜及重物吊在吊钩尖端等不良现象。起重链条应垂直悬挂，不得斜拉重物，链环不得错扭和打结。对双行链更应注意，下钩切勿翻转。

（4）悬挂手拉葫芦的支承点必须牢固稳定，吊挂捆绑用钢丝绳和链条的安全系数应不小于6。

（5）吊钩应在重物重心的铅垂线上，严防重物倾斜翻转。操作手拉葫芦时，应首先试吊，当重物离地后，如运转正常、制动可靠，方可继续起吊。

（6）操作者应站在与手链轮同一平面内搬动手链条。手链轮逆时针方向旋转，放松棘轮，重物即可缓慢下降。

（7）严禁人员在吊起的重物下方经过或做任何动作，以免发生意外。

（8）在起吊或下降重物过程中，搬动手链条用力应均匀和缓，不要用力过猛，以免手链条跳动或卡环。重物的升降切勿超过上下行程的极限。

（9）起吊时，人员应站在安全的地方，防止链条绷断弹回及重物下滑、滚落。

（10）操作者如发现拉不动时，不可猛拉，更不能增加人员强行硬拽。应立即停止操作，进行检查：①重物是否与其他物体连接；②葫芦机件有无损坏；③重物是否超出了葫芦的额定载荷。经检查处理、确保安全后，方可继续操作。

8. 在热回收焦炉机焦侧工作，安全方面应注意哪些事项？

答：在焦炉机焦侧工作，应注意以下安全事项：

（1）注意过往大车，防止车辆伤害；

（2）在执行封堵炉门作业时，必须使用安全梯，悬挂安全带；

（3）在执行摘炉门操作时，必须与大车司机保持沟通，确保无误后，方可打开炉门保险销；

（4）时刻观察各炉门保险装置的状况，发现问题及时汇报处理；

（5）按照规定穿戴劳保用品，防止对人身造成各类危害；

（6）注意炉顶落物或高处坠落。

9. 在炉顶工作时，应注意哪些安全事项？

答：在热回收焦炉炉顶工作，应注意以下安全事项：

（1）上、下楼梯应防止滑跌；

（2）炉顶巡检应按照规定的行走路线（走台），防止损坏炉顶；

（3）劳保用品佩戴齐全；

（4）一次进风口、调节砖调节，注意高温烫伤；

（5）检查上升管、集气管时，防止滑跌、碰伤和高处坠落；

（6）夏季炉顶操作注意防暑。

10. 处理红焦落地事故，应注意哪些安全事项？

答：处理红焦落地事故，应注意以下安全事项：

（1）人员必须佩带高温防护用品，防止烧伤；

（2）必须切断滑线电源，并加锁管理；

（3）清理红焦时，防止人员高处坠落；

（4）在熄灭红焦时，应防止人员烫伤和水柱冲击焦炉，并做到一次性熄灭；

（5）注意车辆行驶，防止发生车辆伤害事故。

11. 热回收焦炉捣固煤饼过程应注意哪些安全事项？

答：热回收焦炉在捣固煤饼过程中，应注意以下安全事项：

（1）煤饼捣固必须由双人操作；

（2）作业前，检查托煤板、加煤槽挡板是否处于规定位置，布料机控制器是否可靠；

（3）操作人员必须按照规定佩戴劳保防护用品；

（4）煤饼捣固过程，注意布煤车行走，并密切注意行车路线周围环境，防止人员伤害；

（5）在煤饼分层铺纸作业时，必须切断布煤车控制电源；

（6）人员进、出加煤槽要抓好扶手，防止滑跌。

12. 对热回收焦炉生产来讲，哪些地方、什么情况下容易发生高处坠落事故？

答：根据热回收焦炉的生产特点，容易发生高处坠落事故的情况有如下几种：

（1）上、下各类直梯、爬梯，不抓扶手或注意力不集中；

（2）罐槽类设备顶部巡检或作业时，注意力不集中，坐靠护栏休息或嬉戏打闹；

（3）余热锅炉平台，坐靠护栏休息或嬉戏打闹；

（4）焦炉顶部及机焦侧平台和大车，坐靠护栏休息或嬉戏打闹；

（5）上下煤塔、凉水塔、脱硫塔和除尘装置，巡检或作业时，不抓扶手、注意力不集中或坐靠护栏休息；

（6）设备检维修、项目施工过程中，注意力不集中，安全防护措施不到位。

13. 对热回收焦炉生产来讲，煤焦系统的电气应采取哪些安全措施？

答：煤焦系统主要防止明电道、滑线、线路破损裸露，误送电、变压器高压、电焊机漏电等触电事故的发生，应采取以下措施：

（1）防止钎子、铲子、铁锨等铁器工具接触明电道或滑线，要注意保持与明电道和滑线的安全距离。母线对地距离要求的最低值为：380V 为 15mm，3kV 为 75mm，6kV 为 100mm，10kV 为 125mm，35kV 为 290mm，110kV 为 800mm。

（2）线路破损裸露要及时修理，恢复绝缘后方可使用；凡开关电器的可动部分不能用绝缘材料包裹严密的，必须有可靠的屏护；凡电器的屏护部分损坏时，必须立即修理或更换。

（3）检修作业时，必须按规定停电挂牌、拿操作牌，在与操作人员联系好后方可作业。坚持"谁停电、谁送电"原则，作业完成后按照规定程序送电，在与操作人员联系好后，方可离开作业现场。

（4）变压器停电检修时，变压器必须短接接地后，才能进行检修作业。

（5）雨天等潮湿情况下，禁止使用电焊机。如确实需要使用，必须做好绝缘防护措施，防止触电。

（6）地下室、油库等防火防爆区域，必须使用防爆器具。此区域内检修若需手持照明，必须使用安全电压防爆照明灯具。安全电压等级：42V、36V、24V、12V、6V。

（7）电线经过电器设备的金属外壳时，电线的进线孔应有保护绝缘圈。

（8）一切电器设备的保护接地或保护接零必须完好。

14. 多大电流对人生命有危险，触电急救应该注意哪些事项？

答：人体对电流的反应为：

8~10mA，手摆脱电极已感到困难，有剧痛感（手指关节）；20~25mA，手迅速麻痹，不能自动摆脱电极，呼吸困难；50~80mA，呼吸困难，心房开始震颤；90~100mA，呼吸麻痹，3 秒钟后心脏开始麻痹，停止跳动。

触电急救注意事项：

（1）发现有人触电，应设法使其尽快脱离电源。

（2）使触电人脱离电源的同时，还应防止触电人脱离电源后发生二次伤害。应采取措施预防触电人在解脱电源时从高处坠落。

（3）使触电人脱离电源后，若其呼吸中止、心脏停跳，必须立即就地进行抢救，进行人工呼吸和心脏复苏。救护工作应持续进行，不能轻易中断，即使在送往医院的过程中，也不能中断抢救。

（4）如触电人触电后已出现外伤，处理外伤过程不应影响抢救工作。

（5）对触电人急救期间，千万不要给触电者打强心针或拼命摇动触电者，以免触电者的情况更加恶化。

（6）夜间发生触电事故时，切断电源会同时使照明失电，应考虑切断后的临时照明，如应急灯等，以利于救护。

（7）当抢救者面色好转、嘴唇逐渐红润、瞳孔缩小、心跳和呼吸恢复正常时，即表明抢救措施有效。

15. 热回收焦炉生产常用灭火器有哪几种，各适用什么类型火灾？

答：热回收焦炉常用灭火器主要为 CO_2 灭火器和干粉灭火器（碳酸氢钠）：

（1）CO_2 灭火器主要用于扑灭图书、档案、贵重设备、精密仪器、600V 以下电气设备及油类的初起火灾。

（2）干粉灭火器适用于扑救各种易燃、可燃液体和易燃、可燃气体火灾，以及电器设备的初起火灾。

16. 余热锅炉运行巡检应注意哪些安全事项？

答：在余热锅炉运行过程巡检，应注意以下安全事项：

（1）应按照规定穿戴劳保用品；

（2）上下楼梯须注意防止滑跌或碰伤；

（3）防止高处落物；

（4）防止高处坠落；

（5）防止高温烫伤；

（6）检查锅炉汽包水位、压力是否在安全运行范围内；

（7）检查安全附件是否齐全完好；

（8）检查设备是否有膨胀、变形；

（9）观察进出口压力、温度是否正常；

（10）巡查电器设备要防止触电。

17. 化水系统运行操作，应注意哪些安全问题？

答：化水系统运行操作过程中，应注意以下安全问题：

（1）应按照规定穿戴劳保用品；

（2）取样时，防止高温烫伤；

（3）操作危化品时，防止化学品灼伤；

（4）检查各泵压力及水槽液位是否在正常范围；

（5）操作设备应防止触电及机械伤害；

（6）上下楼梯须注意防止滑跌、碰伤和高空坠落。

18. 热回收焦炉对比常规焦炉装置有哪些安全优势？

答：根据生产特点，热回收焦炉对比常规焦炉具有以下安全优势：

（1）炼焦过程全负压操作，煤气不外逸，降低人员中毒风险；

（2）无化产回收工艺，降低了火灾、爆炸、中毒等安全风险；

（3）工艺简单，结焦时间长、操作频次低，大幅降低了员工疲劳度；

（4）由于焦炉配套的车辆少，减少了因车辆运行引起的故障和车辆伤害。

19. 热回收焦炉推焦装煤安全操作要点有哪些？

答：热回收焦炉推焦装煤安全操作要点如下：

（1）接到熄焦车操作口令，确认炉号无误后方可操作；

（2）打开炉门操作前，应确认炉门销是否退出，炉门挂钩是否到位，操作人员是否撤离；

（3）推焦前，确认熄焦车是否具备推焦条件；

（4）推焦杆头接触焦饼后，注意推焦电流及途中电流变化，推焦速度要适中，并观察记录炭化室内炉体状况；

（5）推焦完毕，应避免推焦头烫伤人员；推焦杆退回原位后，方可动车；

（6）清理炉门与操作台时防止烫伤和坠落；

（7）装煤前确认焦侧炉门关闭，操作人员撤离；

（8）装煤过程中，禁止一切与装煤无关的作业；装煤速度要适中，注意煤饼变形情况；

（9）装煤完毕，应确认托煤板退回原位，方可动车；

（10）关闭炉门前，确认人员处于安全位置；关闭炉门后，确认炉门挂牢，炉门销完全到位。

20. 热回收焦炉操作推焦装煤车有哪些安全注意事项?

答：热回收焦炉推焦装煤车操作过程，应注意以下安全事项：

（1）上岗前，劳动保护用品要穿戴规范，严禁酒后上岗；

（2）上下车辆抓好扶手，防止滑跌；

（3）车辆行驶中，严禁人员上下或从车辆与焦炉操作台直接跨越；

（4）开闭炉门要对正、挂牢，防止碰坏、掉下或撞坏保护板；

（5）车辆行驶必须按照规定瞭望、鸣笛；

（6）停车检修时，必须挂牌，司机必须现场监护，检修完毕，在确认无检修人员作业后，方可操作车辆；

（7）人员操作时，要远离滑线，防止触电；

21. 热回收焦炉的推焦、装煤操作有哪些禁止事项?

答：热回收焦炉的推焦、装煤操作有以下禁止事项：

（1）禁止在相邻炭化室推焦装煤，特殊情况下，确需装煤时，必须经主管部门批准后，方可进行；

（2）禁止将未压制成型的煤饼装入炭化室内；

（3）禁止炉门还未下落就将取门机退回，或还未退回原位就移动推焦车；

（4）禁止使用弯曲变形、损坏的推焦杆；

（5）推焦装煤必须实行确认制，禁止未经确认无误就推焦或装煤；

（6）禁止行车打倒轮，开快车碰撞安全挡，或用推焦车吊运重物；

（7）操作人员离车前，必须关闭电源。

22. 熄焦车操作有哪些安全注意事项?

答：操作熄焦车应注意以下安全事项：

（1）上岗前，劳动保护用品要穿戴规范，严禁酒后上岗；

（2）上下车辆要抓好扶手，防止滑跌；车辆行驶中，严禁人员上下或从车辆与焦炉操作台直接跨越；

（3）开闭炉门要对正、挂牢，防止碰坏、掉下或撞坏保护板；

（4）车辆行驶必须按照规定瞭望、鸣笛；

（5）停车检修时，必须挂牌，司机必须现场监护；检修完毕，在确认无检修人员作业后，方可操作车辆；

（6）人员操作时，要远离滑线，防止触电；

（7）接焦操作必须确认推焦炉号，接焦槽锁闭到位；

（8）熄焦塔内和轨道两侧不准堆积散落的焦炭；

（9）熄焦完毕后，熄焦车开到凉焦台前一定要对好位置，才能倾斜焦槽，将焦炭倒入凉焦台；

（10）定期检查维护熄焦车轨道。

23. 操作熄焦车有哪些禁止事项？

答：操作熄焦车有以下禁止事项：

（1）禁止开快车，进入熄焦塔前，必须减速，防止撞击安全挡或凉焦台；

（2）禁止未对准位置或车未停稳，就将接焦槽倾斜卸焦；

（3）禁止卸红焦（焦炭未熄透）；

（4）禁止行车打倒轮；

（5）禁止导焦槽未退回原位就行走车辆；

（6）禁止接焦槽未对准或正在操作中，就发出可以推焦信号；禁止未确认锁闭油缸到位，就发出可以推焦信号。

24. 炉门工操作时有哪些安全注意事项？

答：炉门工操作时须注意以下安全事项：

（1）上岗前劳动保护用品要穿戴规范，严禁酒后上岗；

（2）出炉摘炉门时，看准出炉号，防止操作失误；

（3）清理炉门、炉框时，防止烫伤与摔伤；

（4）封堵炉门缝隙时，必须使用安全带、安全梯，梯子要有安全挂钩及支撑杆防滑措施，防止烫伤、摔伤，并注意过往车辆；

（5）熄焦车操作时，协助熄焦车司机查看锁壁油缸是否锁住接焦槽；

（6）炉门关闭后确认炉门是否关闭到位，各附件是否完好、安装到位；

（7）协助车辆操作时，防止烫伤、摔伤、高处坠落和机械伤害。

25. 炉门工岗位有哪些禁止事项？

答：炉门工岗位有以下禁止事项：

（1）上岗前劳动保护用品要穿戴规范，严禁酒后上岗；

（2）禁止在推焦、装煤时，从推焦杆下钻过或从煤槽上跨过；

（3）禁止将砖头、铁器等杂物扔入炭化室内；

（4）禁止从操作台上往下丢东西；

（5）禁止从车上、钢柱上爬到炉顶；

（6）禁止从操作台上跳下或在操作台嬉戏打闹；

（7）禁止用手或铁器触碰明电部位。

26. 调火工岗位有哪些安全注意事项？

答： 调火工岗位应注意以下安全事项：

（1）上岗前劳动保护用品要穿戴规范，严禁酒后上岗；

（2）观察炭化室燃烧情况或焦饼成熟情况时，应使用安全梯，防止摔伤；拉动封门时，必须戴手套，防止烫伤；

（3）在工作过程中，注意车辆往来；

（4）操作桥管上调节砖时，防止碰伤、烫伤；

（5）上下楼梯时，注意摔伤、碰伤；

（6）不准在炉顶、炉台上嬉戏打闹；

（7）不准在集气管上走动、跨越；

（8）操作集气管闸板时，应做好安全防范措施，防止高处坠落。

27. 调火操作时，有哪些安全禁止事项？

答： 调火操作时，有下列安全禁止事项：

（1）禁止使用已损坏的热电偶、吸力表；

（2）禁止使用已经损坏的调节砖；

（3）禁止用手或铁器碰触滑线；

（4）禁止使用已损坏的专用工具拨动"双联"调节砖；

（5）禁止从炉顶往下抛物。

28. 熄焦岗位有哪些安全注意事项？

答： 熄焦岗位有下列安全注意事项：

（1）上岗前劳动保护用品要穿戴规范，严禁酒后上岗；

（2）电器操作开关应安全，防止漏电、触电；

（3）严禁在熄焦塔下休息或停留；

（4）清扫喷淋水管或检修时，须事先与熄焦泵工联系沟通，并挂好检修牌；

（5）应从指定通道行走，防止落入回水明渠造成烫伤；

（6）巡检时防止掉入熄焦池。

29. 晾焦台岗位操作有哪些安全注意事项?

答：晾焦台岗位操作有下列安全注意事项：
（1）上岗前，劳动保护用品要穿戴规范，严禁酒后上岗；
（2）认真检查分管设备是否处好状态，发现隐患及时汇报；
（3）熄焦车卸焦时，操作人员应及时躲避，防止被砸伤和烫伤；
（4）如有红焦，应及时用水熄灭，防止损坏皮带；
（5）清理凉焦台焦炭时，做好安全措施，防止滑落摔伤；
（6）及时清理上下爬梯卫生，包括焦块、冰冻等，防止滑倒摔伤；
（7）清理卫生时，防止运转设备伤害；
（8）放焦操作时，防止滑落造成人身伤害。

30. 皮带工岗位有哪些安全注意事项?

答：皮带工岗位有下列安全注意事项：
（1）上岗前，劳动保护用品要穿戴规范，严禁酒后上岗；
（2）认真检查分管设备是否处于完好状态，安全防护措施是否到位，发现隐患及时汇报处理；
（3）禁止跨、坐皮带，在皮带上放工具杂物，或用皮带运送人、工具、设备及其他非煤、焦物品；
（4）皮带机运行时，严禁清扫；
（5）禁止带负荷启动皮带机；
（6）严禁随意发出开停信号；
（7）检修时挂好检修牌，检修过程中严禁随意开车；
（8）必须定期测试皮带应急拉绳的灵敏可靠性，并做好记录。

31. 热回收焦炉本体存在哪些安全风险?

答：焦炉本体主要为高温、明火及有毒有害气体载体，存在火灾、触电、高温、中毒、高处坠落和物体打击等安全风险。

32. 热回收焦炉推焦装煤系统存在哪些安全风险?

答：推焦装煤车为液压、行走机械设备，伴有放煤、压煤操作，存在高空坠落、机械伤害、火灾、触电和职业病等安全风险。

33. 余热回收型锅炉存在哪些安全风险?

答：余热锅炉是回收利用焦炉高温废气热能的中低压设备，存在烫伤、高处坠落、机械伤害、电器火灾、触电、中毒和爆炸等风险。

34. 公司主要负责人和安全管理人员的安全教育内容有哪些?

答：公司主要负责人和安全管理人员安全教育主要有以下内容：

（1）国家有关安全生产的方针、政策、法律和法规，以及有关行业的规章、规程、规范和标准；

（2）安全生产管理的基本知识与安全生产技术，有关行业安全生产管理的专业知识；

（3）重大危险源管理、重大事故防范、应急救援管理组织以及事故调查的有关规定；

（4）职业危害及其预防措施；

（5）国内外先进的安全生产管理经验；

（6）典型事故和应急救援案例分析；

（7）其他需要培训的内容。

35. 动火作业安全防火有哪些要求?

答：动火作业安全防火有以下要求：

（1）设专人监护；作业前应清除现场及周围的易燃物品，或采取其他有效的安全防范措施，同时配备足够适用的消防器材。

（2）在盛装（过）危险化学品的容器、设备、管道等生产、储存装置及处于 GB50016—2014 规定的甲、乙类区域的生产设备作业时，应将其与生产系统彻底隔离，并进行清洗、置换；取样分析合格后，方可作业。

（3）五级风以上（含五级风）天气，原则上禁止室外动火；因生产需要确需动火作业时，动火作业应升级管理。

（4）在有可燃物构件的凉水塔等内部作业时，应采取防火隔绝措施；高处作业应有防火花飞溅措施。

（5）检查电焊、气焊、手持电动工具等工器具本质安全程度，保证安全可靠。

（6）作业期间距动火点 15m 内不得排放各类可燃气体或液体；不得在动火点 10m 范围内及用火点下方，同时进行可燃溶剂清洗或喷漆等作业。

（7）使用气焊、气割动火作业时，乙炔瓶应直立放置；氧气瓶与乙炔气瓶间距不应小于 5m，两者距动火作业地点不应小于 10m，并严禁在 35℃ 以上高温下曝晒。

Ⅱ 环 保 类

1. 热回收焦炉的污染因素有哪些?

　　答：由于热回收焦炉独特的生产方式，较传统立式焦炉污染因素减少很多，其主要污染因素有以下几个方面：

　　（1）推焦、装煤过程无组织废气逸散；

　　（2）湿法熄焦过程产生的废汽排放；

　　（3）突然停电造成焦炉瞬时正压产生的无组织烟气逸散；

　　（4）煤气在炉内燃烧后经余热回收、脱硫脱尘后剩余的少量烟尘；

　　（5）主要污染物为：SO_2、NO_x、颗粒物、苯可溶物、苯并芘和 CO 等。

2. 热回收焦炉生产过程中污染物的控制有哪些措施?

　　答：热回收焦炉生产过程中污染物的控制通常采取以下措施：

　　（1）生产过程全负压操作，杜绝了无组织废气逸散；

　　（2）增加熄焦塔高度，塔内安装集尘板，减少焦粉和水滴的带出量，实现有效减少粉尘的排放；

　　（3）采用水平推、接焦的方式，减少焦炭坍塌过程产生的扬尘，并设置车载式布袋除尘器，对无组织排放物进行收集、处理；

　　（4）装煤时，关闭进风口，打开调节砖，开启装煤车除尘装置，对无组织排放物烟气进行收集、处理；

　　（5）选用低硫煤种，从源头控制污染源的产生量；

　　（6）熄焦水循环使用，利用化水循环排污水作为补水源，满足复用水标准；

　　（7）煤饼捣固系统采用液压捣固，有效降低煤尘的逸散；

　　（8）烟气净化系统采用双碱法脱硫+布袋除尘器，污染物排放满足限值要求；

　　（9）严格执行加热制度、压力制度，保证焦炭结焦程度，形成完全成熟的焦炭，保证导焦槽运行正常，平接焦顺畅到位，防止红焦落地。

3. 如何加强装煤推焦车的操作，减少排入大气中的荒煤气量和减少推焦逸散物对大气的污染?

　　答：为减少排入大气中的荒煤气量和减少推焦逸散物对大气的污染，装煤推焦车的操作通常采取以下措施：

　　（1）加强捣固操作，防止装煤过程塌煤，减少烟尘逸散；

　　（2）推焦过程中，开启推焦车车载除尘，接焦对位准确，保证导焦槽运行正常，平接焦顺畅到位，防止红焦落地；

（3）推焦完成，及时关闭焦侧炉门，确保炉门密封；

（4）装煤时，严格执行装煤操作规程，按规定时间完成操作；

（5）装煤过程中，关闭进风口，打开调节砖，开启装煤车除尘器，减少荒煤气无组织排放，保证装煤除尘设施的正常运行；

（6）装煤结束，炉门安装到位后，要确保炉门密封。

4. 热回收焦炉烟囱尾气有哪些成分，对大气有何影响？

答：由于热回收焦炉的独特工艺特点，生产过程中产生的荒煤气已经完全燃烧。热回收焦炉热烟气经过脱硫、除尘后，烟囱尾气主要含有 CO_2、H_2O、N_2、O_2 和少量的 SO_2、氮氧化物、颗粒物等。

由于热回收焦炉独特的结构，燃烧温度低，氮氧化物产生量很低，不用单独脱除；如果脱硫与除尘不能达到标准，SO_2、粉尘会对大气环境产生污染。因此，其主要污染物为：SO_2、NO_x、颗粒物，其对大气的影响如下：

（1）颗粒物

1）对光的散射效应：光的散射是能见度降低的最主要因素，颗粒物的散射能造成 60%～95% 的能见度减弱，从而降低能见度；

2）对光的吸收效应：PM10 和 PM2.5 对光的吸收效应通常是使能见度降低的第二大因素，这些光吸收颗粒物可能会使某些地方的能见度降低一半以上，还可形成烟雾而使城市呈褐色；

3）对温度的影响：由于颗粒物的存在，直接阻挡太阳光抵达地球表面，这样使可见光的光学厚度增大，抵达地面的太阳能通量剧烈下降，从而使地面温度降低，高空的温度增高；

4）PM10 的酸碱度及其缓冲能力：大气颗粒物对降水有不可忽视的影响。颗粒物中凝结核的成云作用和降水对颗粒物的冲刷作用均可以使颗粒物进入降水或云水中。

（2）SO_2

SO_2 是造成酸雨的重要因素。

（3）NO_x

1）大气中的 NO_x 有一部分会进入同温层对臭氧层造成破坏，形成空洞和减薄臭氧层；

2）NO_x 中的 N_2O 是引起气候变暖的因素之一；

3）NO_x 是形成酸雨、酸雾的主要原因之一；

4）NO_x 与碳氢化合物形成光化学烟雾。

5. 供煤系统主要采取哪些环保措施？

答：为防止粉尘污染，供煤系统主要采取以下环保措施：

（1）要求车辆全封闭运输。

（2）进、出煤场车辆经冲洗车装置，清洗车身夹带煤尘。

（3）在卸车时，要求减缓卸车速度，同时利用喷雾装置对卸车产尘点进行抑尘。

（4）料场采取全封闭式大棚贮存，料场内采用水雾抑尘装置。

（5）输煤系统采用密闭式皮带廊。

（6）粉碎机。对室内粉碎机的集尘，采取在粉碎机上部的带式输送机头部和出料带式皮带的落料点附近安装集尘罩的方式。当采用电动给料器时，从电动给料器至粉碎机入料口需要全部密封。为控制尘源，在带式输送机导料板出口处安装双层遮尘帘，适当扩大粉碎机下部溜槽断面，以降低出口风压，吸风管道尽量避免水平布置，确需安置的水平管道，必须设置清扫孔。将收集后的含尘气体送至袋式除尘器中进行除尘，除尘后的气体排至大气，回收下来的煤尘返回粉碎机后的运输皮带上，与配合煤一起进入煤塔。

室外粉碎机。除达到上述要求外，送料皮带要全部封闭，防止皮带上的煤料扬尘。所有皮带出料口要配置喷洒水雾装置，根据实际需要进行开启。

（7）储煤塔顶部除尘。一般采用旋风除尘或袋式除尘，捕集的粉尘用管道返回煤塔内。

6. 筛焦系统主要采取哪些环保措施？

答：筛焦、运焦操作过程中有大量的粉尘产生，恶化操作条件并造成周围大气环境的污染，必须采取措施予以防治：

（1）运焦皮带输送机头部卸料点和滚筛、振动筛卸料点应设置密封罩和抽风点，并安装机械除尘装置和水雾抑尘装置。

（2）筛分系统皮带采取全封闭运输。

（3）筛焦楼各楼层均应铺设水冲地坪设施。

（4）储存场地四周设置挡风抑尘墙，用遮阳网覆盖料堆。

（5）焦炭存放场地道路须用吸尘车定期及时吸尘。

7. 热回收焦炉对比常规焦炉的环保生产优势有哪些？

答：热回收焦炉对比常规焦炉的环保生产优势有以下几个方面：

（1）热回收焦炉生产工艺为全负压控制温度的操作，煤气通过在炭化室、主墙下火道、四联拱等部位完全燃烧，从根本上解决了烟气逸散的问题。

（2）在装煤过程中，采用了煤饼预成型、托煤板侧装快送，缩短了装煤时间；通过调节加大炭化室吸力，降低了装煤过程中煤气无组织的逸散。

（3）推焦采用水平接焦技术，对比常规焦炉，避免了放焦过程中焦炭塌落产生的二次扬尘。

（4）由于产品要求采用低硫、低灰煤种，污染物易脱除，各项排放指标优于现行标准限值。

（5）由于炼焦过程中煤气完全燃烧，烟气中以苯并芘为主的有害物质降至可忽略不计。

（6）无化产回收单元，生产厂区无异味和生产废水；熄焦水用水为化水循环排污水或中水回用，满足复用要求。

8. 热回收焦炉熄焦水处理有哪些优势？

答：与传统焦炉相比，热回收焦炉由于无化产品回收，故无生产废水，熄焦补水为化水循环排污水、中水回用或清水，熄焦水完全达到复用标准。

9. 焦炉烟气双碱法脱硫工艺有哪些环保优势？

答：焦炉烟气采用双碱法脱硫工艺，有以下环保优势：

（1）因煤种选用及燃烧工艺不同，热回收焦炉高温烟气中 SO_2 含量一般在 $500mg/m^3$ 左右，硫含量低，易脱除。

（2）双碱法脱硫塔采用喷嘴式空塔喷淋，由于喷嘴的雾化作用，分裂成无数小直径的液滴，其总表面积增大数千倍，使气液得以充分接触。气液相接触面积越大，效率越高。

（3）以钠钙双碱法烟气脱硫可解决单一钠碱脱硫的二次污染问题。钠钙双碱法是以钠碱吸收 SO_2，其产物用石灰乳再生出钠碱继续使用。钠钙双碱法既能节省碱耗，又杜绝了二次污染问题。

（4）该工艺具有脱硫液对水泵、管道等设备腐蚀轻、不易堵塞的特点，便于设备运行和维护。

（5）脱硫液的再生及沉淀反应均发生于循环沉淀池内，避免塔内堵塞和磨损，提高了运行的可靠性，降低了运行成本。

10. 热回收焦炉生产过程中在控制无组织排放方面有哪些优势？

答：由于热回收焦炉结构的特点，在生产过程中控制无组织气体排放方面有以下优势：

（1）该炉型生产工艺为全负压操作，避免了生产过程中污染物的逸散，同时大幅度减少了装煤作业时的烟尘逸散。

（2）采用平接焦技术，减少了出焦过程中焦炭塌落破碎产生的焦尘逸散。

（3）采用大容积炼焦，相对同产能机焦炉，减少了装煤和推焦次数。

11. 热回收焦炉煤饼制作有哪些环保优势？

答：热回收焦炉煤饼制作与常规焦炉相比有以下环保优势：

（1）利用布料机和布煤导套水平移动布煤，煤料无落差，没有扬尘。

（2）捣固工艺采用液压板锤式分层布煤，捣固过程无冲击，对比常规锤式捣固，扬尘较小，噪声较低。

（3）煤饼宽度大，高度低，在装煤过程中，无塌煤现象，避免了二次扬尘。

参 考 文 献

[1] 潘立惠，等．炼焦新技术［M］．北京：冶金工业出版社，2006．

[2] 马艳．清洁型热回收捣固焦炉的加热制度［J］．科技风，2011（3）．

[3] 潘立慧，等．炼焦技术问答［M］．冶金工业出版社，2007．

[4] 炼焦化学工业污染物综合排放标准 GB 16171—2012［S］．

[5] 杨文学．电力安全技术［M］．北京：中国电力出版社，2006．

[6] 手提式灭火器通用技术条件 GB 4351—1997［S］．

[7] 灭火器的检查与维修 DB 32/624—2003［S］．

[8] 赵钦新．余热锅炉研究与设计［M］．北京：中国标准出版社，2010．

[9] 于振东，等．焦炉生产技术［M］．北京：辽宁科学技术出版社 2003．

[10] 何廷山．矿井通风与安全［M］．湘潭：湘潭大学出版社，2009．

[11] 李凌昇．SJ 清洁型热回收焦炉污染治理技术［J］．能源与节能，2005（2）．

[12] 山西泰华化工设计有限公司．QRD-2004N 清洁型捣固式热回收炼焦炉技术说明［G］．

[13] 吴在奋，等．清洁型焦炉的温度调节探讨［J］．煤化工，2008（5）．